Ida Aichinger

Value at Risk

Ida Aichinger

Value at Risk

Mathematische Modellierung des Portfoliowertes mit Monte-Carlo-Simulationen

AV Akademikerverlag

Impressum / Imprint

Bibliografische Information der Deutschen Nationalbibliothek: Die Deutsche Nationalbibliothek verzeichnet diese Publikation in der Deutschen Nationalbibliografie; detaillierte bibliografische Daten sind im Internet über http://dnb.d-nb.de abrufbar.

Alle in diesem Buch genannten Marken und Produktnamen unterliegen warenzeichen-, marken- oder patentrechtlichem Schutz bzw. sind Warenzeichen oder eingetragene Warenzeichen der jeweiligen Inhaber. Die Wiedergabe von Marken, Produktnamen, Gebrauchsnamen, Handelsnamen, Warenbezeichnungen u.s.w. in diesem Werk berechtigt auch ohne besondere Kennzeichnung nicht zu der Annahme, dass solche Namen im Sinne der Warenzeichen- und Markenschutzgesetzgebung als frei zu betrachten wären und daher von jedermann benutzt werden dürften.

Bibliographic information published by the Deutsche Nationalbibliothek: The Deutsche Nationalbibliothek lists this publication in the Deutsche Nationalbibliografie; detailed bibliographic data are available in the Internet at http://dnb.d-nb.de.

Any brand names and product names mentioned in this book are subject to trademark, brand or patent protection and are trademarks or registered trademarks of their respective holders. The use of brand names, product names, common names, trade names, product descriptions etc. even without a particular marking in this work is in no way to be construed to mean that such names may be regarded as unrestricted in respect of trademark and brand protection legislation and could thus be used by anyone.

Coverbild / Cover image: www.ingimage.com

Verlag / Publisher:
AV Akademikerverlag
ist ein Imprint der / is a trademark of
OmniScriptum GmbH & Co. KG
Heinrich-Böcking-Str. 6-8, 66121 Saarbrücken, Deutschland / Germany
Email: info@akademikerverlag.de

Herstellung: siehe letzte Seite /
Printed at: see last page
ISBN: 978-3-639-79167-9

Zusammenfassung

Der gesamte Finanzmarkt beruht auf dem Prinzip, dass es niemandem möglich ist ohne Risiko einen Gewinn zu erzielen. Daher begibt sich jeder in eine Risikoposition, der ein Geschäft mit einer Gewinnabsicht eingeht.

Thema dieser Masterarbeit wird es sein, dieses Risiko zu messen und zu bewerten. Dafür wird ein weitverbreitetes Risikomaß - der *Value at Risk* - verwendet. In einer einzigen Zahl vermittelt er dem Betrachter die gesamte Information über mögliche Risikosituationen des Produkts.

Kurz gesagt beschreibt der *Value at Risk (VaR)* den schlimmsten Verlust über eine gegebene Zeitperiode, dessen Wert mit einer bestimmten Wahrscheinlichkeit nicht überschritten wird. Durch diese Darstellung ist es Risikomanagern möglich den Überblick über den global vernetzten Finanzmarkt und ihre eigenen Produkte zu bewahren.

Im Großen und Ganzen gibt es drei Methoden, den *Value at Risk* zu berechnen: die Delta-Normal Methode, die historische Simulationsmethode und die Monte-Carlo Methode. Alle drei werden erläutert und die jeweiligen Vor- und Nachteile diskutiert. Ein besonderes Augenmerk wird auf die Monte-Carlo Methode geworfen.

Anschließend wird die Thematik des VaR an einem konkreten Beispiel getestet. Man möchte wissen, wie groß die Wahrscheinlichkeit ist, dass ein Portfolio aus Put-Optionen innerhalb kurzer Zeit große Verluste schreibt.

Dafür wird die Monte-Carlo Methode verwendet. Simulationen werden mit Hilfe des Computerprogramms „Mathematica" durchgeführt. Am Ende werden die erhaltenen Ergebnisse interpretiert und Schlüsse gezogen, welche Parameterkonstellationen gefährliche Szenarien implizieren könnten.

1

Abstract

This thesis is concerned with risk analysis on financial objects. Nowadays lot's of factors influence financial produces. In fact the amount is too big as to keep an eye on all of them. Therefore it is convenient to introduce a measure of risk - *value at risk*. It summarizes all the information about the risk of a finance product in one number. In more detail, the *value at risk* stands for the worst loss one might be effected with over a given time horizon and with a particular probability.

Overall there are three main methods to compute the *value at risk* - the delta-normal method, historical-simulation method and the Monte-Carlo method. Their concepts as well as advantages and disadvantages will be discussed.

Afterwards the theory will be put into praxis by analyzing the risk of a specific portfolio, which consists of put-options. Computations were done in „Mathematica" with the Monte-Carlo method. At the end results will be discussed.

Danksagung

Ich möchte mich recht herzlich bei meinem Betreuungsprofessor Univ.-Prof. Dr. G. Larcher bedanken, dass er es mir ermöglicht hat diese Masterarbeit zu schreiben. Er gab mir die Gelegenheit das Thema „Value at Risk" sehr praxisnahe zu analysieren, worüber ich mich sehr freue. Dadurch konnte ich einen tiefen Einblick in die Finanzwelt nehmen. Jegliche Fragen wurden sehr rasch und sehr nachvollziehbar von Herrn Larcher beantwortet. Ich freue mich auf eine weitere Zusammenarbeit.

Vielen Dank möchte ich auch meiner Studienkollegin Manuela Redl aussprechen, die großes Interesse an meiner Arbeit zeigte und mich immer sehr motivierte. Gemeinsam haben wir viele produktive Stunden in der Bibliothek verbracht.

Weiters möchte ich natürlich auch meiner lieben Familie danken für die gesamte mentale und finanzielle Unterstützung während des Studiums. Es ist etwas ganz Besonderes, wenn man seine Faszination für die Mathematik auch mit den Eltern teilen kann und so tiefgehende Diskussionen führen kann.

Ida Aichinger
Linz, Juli 2014

Inhaltsverzeichnis

Teil I

Theorie

Kapitel 1

Einleitung

In diesem und in dem folgenden Kapitel orientieren wir uns an [1],[5] und [9].

1.1 Risiko

In der Finanztheorie wird das Risiko als das Eintreten von unerwarteten Ereignissen beschrieben. Damit sind sowohl positive als auch negative Auswirkungen gemeint. Im Folgenden werden wir uns aber nur auf das Risiko eines Verlustes spezialisieren. Gründe für dieses Eintreten sind Veränderungen in den zugrunde liegenden Finanzvariablen. Das Ziel des Risikomanagements ist es, diese Ereignisse zu kontrollieren. Wir möchten die Zeitpunkte, die Umstände und die Form des Auftretens von Verlusten so weit es geht im Vorhinein prognostizieren können. Außerdem werden wir uns überlegen, wie man eine konkrete Handelsstrategien anpassen muss, um fatale Szenarien zu vermeiden.

„All of life is the management of risk, not its elimination!"
Walter Wriston, ehemaliger Vorsitzender der Citicorp (Zitat aus [1], S.3)

Im Laufe der Zeit hat das Risiko der Finanzprodukte stetig zugenommen. Es gibt bereits so viele Faktoren, die ein Finanzprodukt beeinflussen und steuern können. Gerade deshalb ist ein richtiges Management des Risikos von besonderer Bedeutung.

Im Allgemeinen gibt es vier verschiedene Typen von Risiko:

- **Marktrisiko:** Zinsänderungsrisiko, Wechselkursunsicherheiten, Aktienkursrisiko, Warenrisiko

- **Kreditrisiko:** Der Kreditnehmer zahlt möglicherweise nicht oder nur teilweise den Kredit zurück.

- **operationelles Risiko:** Das tatsächliche realisierte (Betriebs-) Ergebnis weicht negativ vom erwarteten (Betriebs-) Ergebnis ab.
  Dieses Risiko entsteht durch Unangemessenheiten bzw. durch das Versagen von internen Verfahren, Menschen (Transaktionsfehler, Missverständnis) und Systemen oder externen Ereignissen(Versagen der Infrastruktur, Naturkatastrophen, Betrug, Raubüberfall).

- **Liquiditätsrisiko:** Ein Produkt ist nicht zum marktgerechten Preis handelbar.

1.1.1 Diversifikation und Risikoarten

Die Aufteilung des gesamten Investitionsvermögens auf mehrere Assets wird auch **Risiko-diversifikation** genannt und hilft das Risiko zu minimieren. Diese Strategie ist schon sehr lange bekannt: Bereits vor vielen Jahren sagte man, dass es viel sinnvoller ist, wenn man sein ganzes Hab und Gut auf mehrere Schiffe aufteilt, als alles auf einem zu transportieren.

Das unvermeidbare Restrsiko wird **systematisches Risiko** genannt. Darunter fällt zum Beispiel eine allgemeine Inflation, politische Ereignisse oder Naturkatastrophen.
Hier erfährt nicht nur ein Einzelwert des Portfolios einen finanziellen Verlust, sondern es betrifft dann gleich mehrere Größen auf einmal. Das führt zu einer spürbaren Portfolio-wertänderung.
Gestützt auf das systematische Risiko wird der (theoretische) Wert der Rendite des Portfolios bestimmt.
Neben dem systematischen Risiko gibt es nun auch noch das **spezifische Risiko**. Durch eine optimale Mischung der Einzelwerte im Portfolio kann diese Größe verringert werden. Verluste sind hier zum Beispiel auf Managementfehler zurückzuführen.

1.1.2 Ein Risikomaß

Für die Analyse von Finanzprodukten ist es sinnvoll ein intuitives Risikomaß einzuführen. Die Standardabweichung entspricht zwar einer einfachen meist aber unzufriedenstellenden Größe. In dieser Masterarbeit werden wir uns auf das sehr weit verbreitete Risikomaß „Value at Risk" kurz „VaR" und im Deutschen „Wert im Risiko" spezialisieren.

Es handelt sich hier um eine einzige Zahl, die das Risiko nach unten zusammenfassend be-schreiben soll. Verschiedene Finanzprodukte können somit bewertet und untereinander sehr schnell verglichen werden. Diese Kompaktheit der Informationswiedergabe machte den VaR zu einem unverzichtbaren Werkzeug in der Analyse von Finanzprodukten.
Allerdings führte auch genau dieser positive Aspekt zu vielen Fehlinterpretationen bei einer schlampigen Begutachtung. Man soll sich der Berechnung bewusst sein und wissen welche Voraussetzungen und Vereinfachungen getroffen wurden, um die Zahl richtig zu interpretie-ren.
J.P. Morgan war einer der ersten, der das Risikomaß anhand von VaR-Berechnungen ge-messen hat. Heutzutage wäre die VaR Analyse im Finanzalltag nicht mehr wegzudenken! Sie dient nicht nur passiv als informativer Report, sondern auch defensiv in Hinblick der Risi-kokontrolle und Grenzsetzung als auch aktiv im Risikomanagement, wo die Handelstrategie je nach VaR Wert angepasst wird.
Die Theorie dazu hat sich in den frühen 1990er Jahren entwickelt, indem extreme Ereignisse beziehungsweise Katastrophen analysiert wurden und immer noch werden.

Kapitel 2

Value at Risk

Die Informationen stammen aus [1],[5] und [9]. Ein Risiko X setzt sich aus der Auftrittshäufigkeit und der Höhe des Investitionsverlustes zusammen.

Definition 2.1. *Ein Risikomaß beschreibt eine Abbildung ρ, die einem Risiko X einen Geldbetrag zuweist, also $\rho(X) = x\,EUR$, wobei $x \in \mathbb{R}$.*

Vier Eigenschaften wären für ein Risikomaß sehr wünschenswert:

Definition 2.2. *Ein Risikomaß ρ, das die folgenden vier Kriterien erfüllt, wird kohärent genannt:*

- *Monotonie: $X_1 \leq X_2 \Rightarrow \rho(X_1) \geq \rho(X_2)$*
  Wenn ein Portfolio A systematisch kleinere Renditen für jeden Zustand der Welt als ein Portfolio B hat, dann soll auch dessen Risiko über dem von Portfolio B liegen.

- *Verschiebungsinvarianz: $\rho(X + k) = \rho(X) - k$*
  Wenn man Bargeld dem Portfolio beigibt, dann soll auch dessen Risiko um diesen Betrag verringert werden.

- *Homogenität: $\rho(bX) = b\rho(X)$*
  Wenn man das Portfolio um den Faktor b vergrößert, dann soll auch das Risiko um diesen Faktor vergrößert werden.

- *Subadditivität: $\rho(X1 + X2) \leq \rho(X1) + \rho(X2)$*
  Wenn man Portfolios zusammenlegt, dann soll das Gesamtrisiko höchstens so hoch sein, wie die Summe der einzelnen Portfoliorisiken (Diversifikation des Risikos)

Das Risiko kann sehr gut mit Wahrscheinlichkeitsverteilungsfunktionen untersucht werden. Das heutzutage gebräuchlichste Risikomaß ist der VaR. Die Berechnung des VaR beruht auf elementaren statistischen Methoden. Es beschreibt den schlimmsten Wertverlust über einen gegebenen Zeithorizont, der mit einer bestimmten Wahrscheinlichkeit nicht überschritten wird. Ausschlaggebend für die Berechnung des VaR-Wertes ist das Konfidenzintervall und der Horizont.

Definition 2.3. *Der Value at Risk VaR(X) eines Risikos X zum Konfidenzintervall α ist definiert als α-Quantil der Verteilung von X, d.h.*

$$VaR_\alpha(X) := \inf\{x : \mathbb{P}[X > x] \leq 1 - \alpha\}.$$

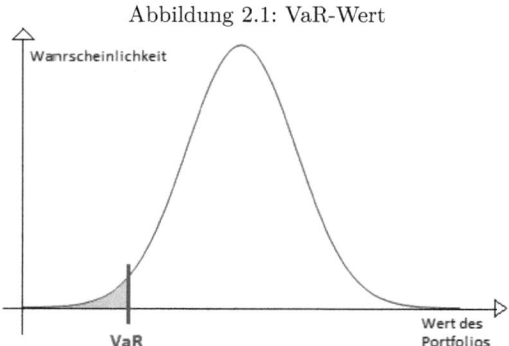

Abbildung 2.1: VaR-Wert

Bereich links neben der roten Linie präsentiert $(1 - \alpha)\%$ von der gesamten Fläche unterhalb der Kurve

Bemerkung 2.4. *Eine flache Verteilung des Portfoliowertes oder breite Ausläufe resultieren in einer großen VaR-Zahl.*

Bemerkung 2.5. *Die Subadditivität ist für den VaR meistens nicht erfüllt, außer man setzt normalverteilte Risikofaktoren voraus.*

Beispiel 1. Eine Bank behauptet, dass ihr Handelsportfolio einen täglichen VaR von 50 Millionen Dollar bei einem 99% igen Konfidenzintervall entspricht. Das bedeutet, dass unter normalen Marktbedingungen nur in einem von 100 Fällen der schlimmste wahrzunehmende Verlust die 50 Millionen Dollar überschreitet.

Schritte zur Berechnung des VaR Wir wollen beispielsweise den VaR von einem Portfolio mit einem aktuellen Marktwert von 100 Millionen Dollar über einen Horizont von zehn Tagen mit 99%-Konfidenzintervall messen. Folgende Schritte werden für die Berechnung benötigt:

- Definiere zuerst die Variable des Interesses, meistens der Portfoliowert und bestimme den aktuellen Wert (hier: 100 Millionen Dollar)

- Miss die Schwankung des Risikofaktors (z. B.: Volatilität des Underlyings, 15 Prozent).

- Lege einen Horizont fest (angepasst an die Laufzeit; hier: 10 Handelstage).

- Lege ein Konfidenzintervall fest (Hier: 99%).

- Folgere den schlimmsten Verlust auf Grund der Verteilungsdichtefunktion des Portfoliowertes nach T Tagen (gemäß des Horizontes).

Verluste im Investment entstehen durch die Kombination der beiden folgenden Faktoren:

- Wahl der Portfoliopositionen
  Wie sehr setzt man sein Underlying einem bestimmten Risiko aus? Der Portfolio Manager kann durch die aktive Wahl der Positionen das Risiko bewusst steuern.

- Volatilität in den zugrunde liegenden finanziellen Variablen
  Dieser Faktor liegt nicht in der Hand des Portfolio Managers.

Das VaR-Maß betrachtet den kombinierten Effekt.

2.1 Anwendungen

Warum könnte die VaR Zahl interessant sein?
Es gibt viele verschiedene Anwendungen. Allen gemein ist natürlich, dass sie der Risikomessung dienen. Je nach Verwendung muss sowohl das Konfidenzintervall als auch der Horizont passend gewählt werden. Wenn eine dieser beiden Größen zunimmt, so steigt auch der Wert des VaR.

VaR als Orientierungsgröße:

Man kann die Risiken verschiedener Finanzprodukte untereinander vergleichen, indem man ihren VaR-Wert betrachtet.
Auch bei der Risikoanalyse von nur einem Finanzprodukt liefert er Informationen. Zum Beispiel gibt er Aufschluss, wie sich die Streuung des Portfoliowertes zeitlich verändert. Dadurch kann man Einflussfaktoren ausfindig machen. Die Wahl der Faktoren ist in diesem Bereich beliebig. Wichtig ist nur, dass man bei der Untersuchung Konsistenz bewahrt.

VaR als mögliche Verlustgröße:

Der Benutzer soll eine Vorstellung von der Größenordnung seines schlimmsten Verlustes bekommen. *Achtung: VaR beschreibt nicht den worst-case, sondern stellt den Verlust mit der Häufigkeit des Auftretens in Zusammenhang.*
Der Horizont soll je nach Liquidität des Portfolios gewählt werden. Das heißt, er soll jener Zeit entsprechen, in der eine ordnungsgemäße Portfolioauflösung durchgeführt werden kann. Eine ähnliche Interpretation für die Wahl des Horizonts wäre, dass er jene Zeit symbolisiert, die für ein Marktrisiko-Hedging benötigt werden würde.
Beispielsweise wäre bei einem Kreditinstitut ein täglicher Horizont üblich, auf Grund der hohen Liquidität und der großen Schwankung in der Risikoaussetzung. Somit ist zusätzlich auch ein Vergleich mit den täglichen P&L Maßen möglich.
Bei einem Investmentportfolio (z.B.: Pensionsportfolio) ist ein monatlicher Horizont üblich, da dieses weniger liquide ist und nur geringe Änderungen in der Risikoaussetzung zeigt.
Die Wahl des Konfidenzintervalls ist relativ beliebig.

Festlegung der Höhe des Eigenkapitals:

Es wird das involvierte Risiko gemessen und dadurch legt man einen geeigneten Betrag für die Geldrücklage fest, um im Fall des Falles den maximal zu erwartenden Verlust abdecken zu können.
Die Wahl der Faktoren spielt hier eine große Rolle! Der VaR-Wert muss alle Risiken abdecken. Ansonsten könnte ein Verlust über den VaR-Wert zu einem Konkurs des Unternehmens führen.
Die Wahl des Konfidenzintervalls soll den Grad der Risikoscheuheit des Betriebs widerspiegeln. Je schlechter ein Unternehmen geratet ist und je höher die Kosten sind, die ein Verlust

mit sich bringt, desto höher sollte das Konfidenzintervall gewählt werden.

Anmerkung: VaR misst nur den möglichen Verlust am Fälligkeitstag! Er liefert also keine Aussage, ob der Wert des Portfolios während der Zeitperiode einmal unterhalb des VaR-Wertes fällt. Das könnte aber zu Problemen führen, wenn das Portfolio z.B. eine Marginhinterlegung beschreibt und es kann auch die Liquidität einschränken. Für diese Überlegungen gibt es den VaR_{max}, der zusätzlich Informationen über den Verlust während des Horizontes liefert. Natürlich gilt: $VaR_{max} \geq VaR$!

Gleichzeitig soll der Horizont jener Zeit entsprechen, die benötigt wird um Schäden wieder auszugleichen. Das heißt man reduziert entweder das Risikoprofil oder man bringt neues Kapital auf.

Richtiges Backtesting:

Backtesting oder Rückvergleich beschreibt die Überprüfung der Richtigkeit des VaR-Wertes anhand von vergangenen Daten. Wie genau stimmen tatsächlicher und prognostizierter Verlust überein?

Ziel ist es, diese Tests so zu gestalten, dass möglichst viele Irrtümer in der VaR-Berechnung aufgedeckt werden. Dafür ist eine geeignete Wahl der Faktoren entscheidend.

Der VaR-Wert wird systematisch mit dem P&L (Profit and Loss) verglichen um so Wahrnehmungsverzerrungen aufzudecken.

Größere und längere Laufzeiten reduzieren die Anzahl an unabhängigen Beobachtungen und daher auch die Aussagekraft solcher Tests:

z.B. ein VaR-Wert über einen Zeithorizont von zwei Wochen ergibt jährlich nur 26 Beobachtungen; einer über einen Tag liefert jährlich 252 Beobachtungen. Das Basel Committee beispielsweise wählt deshalb ebenfalls einen Horizont von einem Tag, obwohl die eigentliche Laufzeit 10 Arbeitstage beträgt. Für das Konfidenzintervall kann man ähnliche Überlegungen treffen: ein zu großes Konfidenzintervall reduziert die Anzahl der Beobachtungen in den tails und dadurch auch die Wirkung der Tests. Am besten hat sich ein Konfidenzintervall von 95% bewährt.

Baselparameter:

Das Baselkommittee wählt für interne Modellanwendungen einen VaR mit einem 99% Konfidenzintervall und mit einem Zeithorizont von 10 Tagen. Zusätzlich wird der VaR-Wert noch mit einem Sicherheitsfaktor multipliziert: VaR* = VaR · 3

Das wird aus folgendem Grund gemacht:

Ein massiver Verlust, der größer ist, als VaR voraussagen würde, kommt ungefähr einmal in 4 Jahren vor, also in 1 % der Zeit. Für große Banken wäre es aber unvorstellbar, so oft einen so großen Verlust zu erleiden! Deshalb multipliziert man den VaR-Wert noch mit einem Sicherheitsfaktor.

Das Baselkommittee hat die Drei als Sicherheitsfaktor gewählt. Diese Wahl lässt sich mit Hilfe der Chebyshev Ungleichung plausibel herleiten.

Durch diese Vorgehensweise versucht man, einen Bankrott so weit es geht auszuschließen.

Der Multiplikator erhöht also das Konfidenzintervall bzw. kann für weitere Risiken stehen, die im Modell noch nicht berücksichtigt worden sind. Dazu gehören z.B. die Annahme normalverteilter Zufallsvariablen, wodurch die fattails nicht berücksichtigt werden oder unstabile Korrelationen unter den Zufallsvariablen.

2.2 VaR-Methoden

Ziel der Investoren ist es mit VaR einen mengenbezogenen aussagekräftigen Wert über das Risiko zu erhalten und dabei sollte die Berechnung zu vernünftigen Kosten verlaufen. Am besten wäre es unter den vielen standardmäßigen VaR-Methoden jene auszuwählen, die für dieses Portfolio am geeignetsten.

Die zukünftige Entwicklung des Portfoliowertes kann über folgende zwei Methoden erfolgen:

- Lokale Wertbestimmung: Der Wert des Portfolios wird zu einem Zeitpunkt analysiert und mit dieser Information schließt man auf die weitere Wertentwicklung. In diese Kategorie fällt zum Beispiel die Delta-Normal Methode.

- Volle Wertbestimmung: Es erfolgt eine gänzliche Neuberechnung des Portfolios zu mehreren verschiedenen Zeitpunkten. Die Portfoliowerte in der Zukunft ergeben sich aus Simulationsmethoden wie der Monte-Carlo Anwendung oder der historischen Simulationsmethode. Nichtlinearitäten, zusätzliche Bargeldflüsse und der Abklang von Besonderheiten in der Zeit können berücksichtigt werden.

Kapitel 3

Grundlagen der stochastischen Analysis

In diesem Kapitel folgen wir dem Inhalt von [3], [7] und [8].

Definition 3.1. *Wahrscheinlichkeitsraum, Messraum*

- *Ein Wahrscheinlichkeitsraum $(\Omega, \mathcal{F}, \mathbb{P})$ besteht aus*

  - *einem nichtleeren Grundraum Ω*
  - *einem Mengensystem $\mathcal{F}$*

    Jede Teilmenge $\mathcal{F} \subset \mathcal{P}(\Omega)$ der Potenzmenge von Ω beschreibt ein Mengensystem. Wenn zusätzlich folgende Bedingungen erfüllt sind, nennt man ein Mengensystem σ-Algebra über Ω:

    (i) $\Omega \in \mathcal{F}$
    (ii) Aus $A \in \mathcal{F}$ folgt $A^C (=: \Omega \setminus A) \in \mathcal{F}$
    (iii) Aus $A_i \in \mathcal{F}, i \in \mathbb{N}$ folgt $\cup_{i=1}^{\infty} A_i \in \mathcal{F}$

  - *Wahrscheinlichkeitsmaß $\mathbb{P}$, wobei $\mathbb{P} : \mathcal{F} \to [0,1]$ mit $\mathbb{P}(\Omega) = 1$*

- *Ein Messraum besteht aus dem Tupel $(\Omega, \mathcal{F})$, wobei $\mathcal{F}$ eine σ-Algebra über Ω ist.*

Definition 3.2. *Messbare Abbildungen*
Seien $(\Omega, \mathcal{F})$ und $(S, \mathcal{S})$ zwei Messräume, dann heißt eine Abbildung $f : \Omega_1 \to \Omega_2$ messbar, wenn gilt

$$f^{-1}(\mathcal{S}) \subseteq \mathcal{F}$$

Ein stochastischer Prozess ist eine mathematische Beschreibung von zeitlich geordneten zufälligen Vorgängen.

Definition 3.3. *Stochastischer Prozess*
Sei $(\Omega, \mathcal{F}, \mathbb{P})$ ein Wahrscheinlichkeitsraum, $(S, \mathcal{S})$ ein Messraum, $I \subset [0, \infty)$ eine Indexmenge, dann heißt eine Familie

$$X = (X_t)_{t \in I} \tag{3.1}$$

messbarer Abbildungen $X_t : \Omega \to S, t \in I$ Stochastischer Prozess (mit Zustandsraum S).

Bemerkung 3.4. *Typische Wahl für den Messraum: $(S, \mathcal{S}) = (\mathbb{R}, \mathcal{B})$, wobei $\mathcal{B}$ die Borelsche σ-Algebra darstellt. Man spricht dann von einem reellen stochastischen Prozess. Ein $\omega \in \Omega$ nennt man „Zustand der Welt".*

Bemerkung 3.5. *Die Borelsche σ-Algebra wird von der Menge der offenen Mengen erzeugt.*

Fasst man einen stochastischen Prozess als Funktion von ω und t auf, so kann man vom abstrakten Standpunkt aus X als eine Zufallsvariable in einem Funktionenraum auffassen. Fixiert man ein $\omega \in \Omega$, dann stellt $X_.(w)$ eine Abbildung von $I \to S$ dar:

Definition 3.6. Pfad/Trajektorie
Es sei $X = (X_t)_{t \in I}$ ein stochastischer Prozess und $\omega \in \Omega$. Die Abbildung

$$X_.(w) : \quad I \quad \to S$$
$$t \quad \mapsto X_t(w)$$

heißt Pfad/Trajektorie von ω.

Abbildung 3.1: Zwei fiktive Pfade eines stochastischen Prozesses X_t

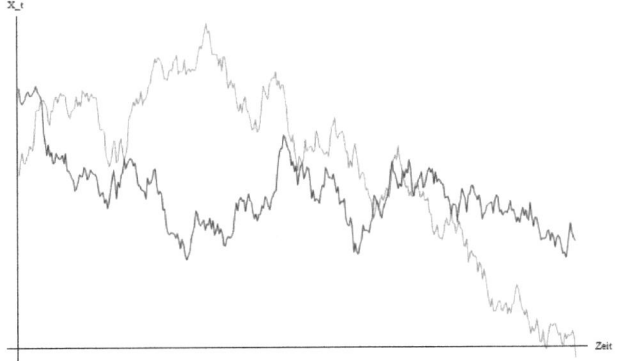

Bemerkung 3.7. *Die Pfade eines stochastischen Prozesses sind im Allgemeinen nicht stetig. Die Zufallsvariablen X_{t_1} und X_{t_2} zu zwei Zeitpunkten $t_1, t_2 \in I$ zu einem fixen ω sind im Allgemeinen voneinander unabhängig. Im Bezug auf die Anwendungen in der Finanzmathematik, wo X_t den Verlauf eines Aktienkurses beschreibt, gehen wir aber von stetigen Pfaden und Abhängigkeiten aus.*

Wenn man anstatt ω einen Zeitpunkt t fixiert, kann man den stochastischen Prozess X_t als eine Zufallsvariable auffassen.

Definition 3.8. Zufallsvariable
Sei $(\Omega, \mathcal{F}, \mathbb{P})$ ein Wahrscheinlichkeitsraum und $(S, \mathcal{S})$ ein Messraum, dann heißt eine messbare Abbildung

$$X : \Omega \to S$$

eine Zufallsvariable.

15

Definition 3.9. *Zuwächse/Inkremente*
Für einen stochastischen Prozess $X = (X_t)_{t \in I}$ heißen die Zufallsvariablen

$$X_t - X_s \quad \text{für} \quad s \leq t \tag{3.2}$$

Zuwächse/Inkremente (über dem Intervall $(s, t]$).

Im Hinblick auf die finanzmathematische Anwendung müssen wir den Begriff des Mengensystems noch etwas spezialisieren. Die σ-Algebra enthält jegliche Information über den stochastischen Prozess über die gesamte Laufzeit.
Sie soll aber zu einem Zeitpunkt t nur die Information widerspiegeln, die wir über den Zustand der Welt bis zur Zeit t aus dem stochastischen Prozess extrahieren können. Wir brauchen daher ein geordnetes Mengensystem, das die verfügbare Information zum Verlauf eines Zufallsprozesses zu den verschiedenen Zeitpunkten modelliert. Daher sortieren wir unser Mengensystem und benennen es neu als Filtration.

Definition 3.10. *Filtration*
Ist $\mathbb{F} = (\mathcal{F}_t)_{t \in I}$ eine aufsteigende Folge von Sub-σ-Algebren, d.h. es gilt:

$$\emptyset \subseteq \mathcal{F}_s \subseteq \mathcal{F}_t \subseteq \mathbb{F}$$

für alle $s, t \in I$, wobei gilt $s \leq t$
Dann nennt man $\mathcal{F}$ eine Filtration.

Ein sehr wichtiger stochastischer Prozess im Folgenden wird die Brownsche Bewegung sein:

Definition 3.11. *Brownsche Bewegung*
Eine Brownsche Bewegung ist ein stochastischer Prozess $(B_t)_{t \in I}$, für den gilt:
(i) $B_0 = 0$
(ii) B_t ist normalverteilt mit Mittelwert 0 und Varianz t:

$$B_t \sim \mathrm{N}(0, t)$$

(iii) Die Pfade der Brownschen Bewegung sind stetig.
(iv) Für jedes $t \geq 0$ und $h > 0$ ist das Inkrement $B_{t+h} - B_t$ normalverteilt mit Mittelwert 0 und Varianz h:

$$B_{t+h} - B_t \sim \mathrm{N}(0, h)$$

*(v) **Markov-Eigenschaft**: Für jedes n und beliebige Zeitpunkte $t_0 > t_1 > \cdots > t_{n-1} > t_n$ sind die Zuwächse $B_{t_j} - B_{t_{j-1}}, (j = 1, \ldots, n)$ unabhängig.*

Definition 3.12. *Ito-Prozess*
Eine stochastische Differentialgleichung, die auf einer Brownschen Bewegung aufgebaut ist, heißt Ito-Prozess:

$$dX_t = \underbrace{a(t, X_t)dt}_{Drift-Term} + \underbrace{\sigma(t, X_t)dB_t}_{Diffusions-Term} \tag{3.3}$$

Mit Hilfe des folgenden Itô-Lemma's kann man Lösungen von Ito-Prozessen herleiten.

Satz 3.13. *Itô-Lemma*

Sei X_t ein Ito-Prozess mit der Dynamik:

$$dX_t = \mu(t, X_t)dt + \sigma(t, X_t)dB_t$$

Sei $g \in C^{1,2}$ mit

$$g : [0, \infty) \times \mathbb{R} \longrightarrow \mathbb{R}$$
$$t, x \mapsto g(t, x)$$

Sei Y_t der stochastische Prozess mit

$$Y_t = g(t, X_t),$$

dann ist Y_t wieder ein Ito-Prozess mit folgender Dynamik:

$$dY_t = \left(g_t(t, X_t) + \mu g_x(t, X_t) + \frac{\sigma^2}{2} g_{xx}(t, X_t) \right) dt + \sigma g_x(t, X_t) dB_t \qquad (3.4)$$

Bemerkung 3.14. *Die Ito-Formel spielt in der stochastischen Analysis in etwa die Rolle der Kettenregel in der klassischen Analysis.*

Im Limes konvergiert die Summe von unabhängigen identisch verteilten Zufallsvariablen zu einer Normalverteilung.

Kapitel 4

Delta-Normal Methode

Dieses Kapitel orientiert sich an [1].

Diese Methode ist auch bekannt unter dem Namen „Varianz-Kovarianz Methode".

Die Delta-Normal Methode war die erste und ist die einfachste Möglichkeit den VaR-Wert zu berechnen. Sie wurde von J.P. Morgan entwickelt. Wertänderungen des Portfolios sollen linear mit den Änderungen der Risikowerte zusammenhängen. Diese Größe wird in der Finanzmathematik auch „Delta" genannt.

Folgende Annahmen werden für die Delta-Normal Methode getroffen:

Annahme. Es besteht eine lineare Abhängigkeit zwischen Risikofaktor und Portfoliowert.

Annahme. Der Risikofaktor ist normalverteilt.

Die letzte Annahme wird auch durch den *Zentralen Grenzverteilungssatz* gerechtfertigt: Im Limes konvergiert die Summe von unabhängigen identisch verteilten Zufallsvariablen zu einer Normalverteilung. Betrachten wir zum Beispiel als Risikofaktor die Kursentwicklung einer Aktie S, so sieht die empirische Verteilung der Renditen für eine große Anzahl an Beobachtungen wie eine Glockenkurve aus. Daher ist es einsichtlich die Renditen als normalverteilt und unabhängig anzunehmen.

Auf Grund der linearen Abhängigkeit zwischen dem Portfoliowert und der Aktienkursentwicklung ergibt sich ebenfalls ein normalverteilter Portfoliowert.

So erhält man eine Verteilung des Portfoliowertes über einen gegebenen Zeithorizont, aus der man sich den VaR-Wert berechnen kann.

Es handelt sich um eine analytische Methode, da man eine geschlossene Lösungsform der VaR Berechnung erhält. Besonders bei großen Portfolios mit vielen Risikofaktoren ist die Delta-Normal Methode geeignet, da sie eine große Berechnungsgeschwindigkeit aufweist. Je kürzer der Zeithorizont der VaR Berechnung ist, desto genauere Resultate erhält man.

Eine Risikoquelle

Der Anlagengegenstand W hängt erstmals nur von einer Risikoquelle S ab. Im Normalfall beschreibt S den Wert des Underlyings.

Eine Preisänderung des Underlyings zieht demnach eine Preisänderung des Anlagengegenstandes mit sich.

Zu Beginn wird der Anlagengegenstand zum Zeitpunkt $t = 0$ bestimmt: $W(S_0)$

Anschließend berechnet man sich die Sensitivität: Wie stark ändert sich der Wert von W, wenn S schwankt. Diese Größe wird Delta genannt. Delta wird mit $\triangle_0$ abgekürzt und entspricht der partiellen Ableitung von W nach S.

$$\triangle_0 = \frac{\partial W}{\partial S}$$

Der potentielle Wertverlust dW einer Option mit einer Risikoquelle lässt sich als Produkt der Sensitivität und der Stärke der Underlyingänderung beschreiben:

$$dW = \frac{\partial W}{\partial S}|_0 dS = \triangle_0 \times dS = (\triangle_0 S)\frac{dS}{S}$$

Der Faktor $(\triangle_0 S)$ stellt einen Indikator für die Risikoaussetzung dar. Je größer dieser Wert ist, desto stärker wirkt sich eine Wertänderung des Underlyings auch auf den Optionswert aus und umso größer ist daher die Wahrscheinlichkeit, dass unerwartete Ereignisse eintreten. Die schlimmsten Verluste von W werden bei Extremwerten von S eintreten.

Berechnung der VaR-Wertes

$$\text{VAR} = \mid \triangle_0 \mid \times \text{VAR}_S = \mid \triangle_0 \mid \times (\alpha \sigma S_0)$$

α entspricht dem Standardnormalabweicher. Je nachdem wie man das Konfidenzintervall für die VaR Berechnung wählt, wird α demenstprechend angepasst. Zum Beispiel für ein 95 %-iges Konfidenzintervall würde man α als 1,645 wählen.

Zahlreiche Risikoquellen

Der Portfoliowert hängt nun von mehreren Größen ab. Diese sollen multivariat normalverteilt sein. Der mehrdimensionale zentrale Grenzverteilungssatz besagt, dass die Summe einer großen Anzahl von vollständig unabhängigen, identisch verteilten und quadratisch integrierbaren Zufallsvektoren annähernd multinormal verteilt ist. Diese Eigenschaft ist besonders bei großen Portfolios mit vielen verschiedenen Risiken nützlich.
Eine multivariate Normalverteilung wird durch zwei Verteilungsparameter bestimmt:

- Vektor der Erwartungswerte $R_{i,t+1}$: durchschnittlicher Wert den die einzelnen Risikoquellen am Ende des Horizonts annehmen werden

- Kovarianzmatrix Σ_{t+1}: beschreibt die zukünftigen Abhängigkeiten unterhalb der Risikofaktoren am Ende des Horizonts

Mit dem zentralen Grenzverteilungssatz lassen sich daraus Erwartungswert und Varianz des Portfoliowertes ermitteln. Wie stark das Portfolio zum jetzigen Zeitpunkt den einzelnen Risikoquellen ausgesetzt ist, wird mit den Gewichten w_i zur Risikoquelle i übermittelt. Die Rendite R_p des Portfolios ergibt sich aus den gewichteten Renditen der Risikofaktoren R_i. Die Varianz $\sigma^2(R_p)$ der Portfoliowertrendite hängt von den zuvor festgelegten Korrelationen der Risikofaktoren untereinander ab. Insgesamt gilt folgendes:

$$R_p = \sum_{i=1}^{N} w_i R_i \quad \text{wobei:} \quad \sum_{i=1}^{N} w_i = 1$$

$$\sigma^2(R_p) = w'\Sigma w \quad \text{wobei:} \quad w = (w_i)_{i=1}^{N}$$

Berechnung des VaR-Wertes Der VaR-Wert wird über die Varianz der Portfoliowertverteilung bestimmt:

$$\text{VaR}_\alpha = \alpha W \sqrt{w'\Sigma w}$$

wobei W den aktuellen Portfoliowert und α den Standardabweicher der Normalverteilung beschreibt. Je nach Konfidenzintervall wird α wie zuvor festgelegt.

Vor- und Nachteile

- Das Phänomen der „fat-tails" wird nicht berücksichtigt.

- nicht geeignet für stark nichtlineare Finanzprodukte wie Optionen

+ einfache Analyse von Diversifikations- und Hedgeeffekten zwischen Portfoliobestandteilen

+ Geeignet für symmetrische Finanzprodukte wie Aktien.

+ analytische und einfache Berechnung des VaR-Wertes

+ Die lokale Wertbestimmung spart Rechenzeit.

Verbesserungsmöglichkeiten

Delta-Gamma Methode

Der Delta-Normal Ansatz wird mit höheren Ableitungen ergänzt. Das heißt, man setzt nicht nur lineare Abhängigkeiten des Portfoliowertes mit den Risikofaktoren voraus, sondern man berücksichtigt auch quadratische Verteilungen. Ansonsten funktioniert die Delta-Gamma Methode ident zu der Delta-Normal Methode.

Der VaR Wert nimmt ab, wenn die zweiten Ableitungen des Portfoliowertes nach den Risikofaktoren positiv sind bzw. im umgekehrten Fall zu.

Für diese Methode müssen alle zweiten Ableitungen als bekannt vorausgesetzt werden. Das birgt einen weiteren Risikofaktor!

Alternative Verteilungen

Anstatt davon auszugehen, dass der Portfoliowert normalverteilt ist, könnte man auf eine andere Verteilung ausweichen, wie z.B.:

• Student T Verteilung

• eine verallgemeinerte Fehlerverteilung

• Extremwertverteilung

20

Kapitel 5

Historische Simulationsmethode

Informationen zu diesem Kapitel wurden hauptsächlich aus [1] entnommen.

5.1 Allgemeines

Nichtparametrische Methode   Bei der historischen Simulationsmethode handelt es sich um eine nichtparametrische Methode. Man braucht keine Annahmen über die Verteilung der Risikofaktoren treffen. Stattdessen sieht man sich den Verlauf der Finanzvariablen in der Vergangenheit an und schließt daraus auf die zukünftigen Bewegungen. Man lässt sozusagen das Band der vergangenen Aufzeichnungen erneut abspielen. Diese Methode ist vom Prinzip her sehr intuitiv und robust.

Annahme eines stationären Prozesses   Damit diese Strategie funktioniert, muss man davon ausgehen, dass die Vergangenheit einigermaßen Aufschluss auf die Zukunft gibt.
Wenn dem nicht ganz so ist, dann multipliziert man die Daten zusätzlich mit zeitabhängigen variablen Gewichtungsfaktoren und führt eine Neuordnung der historischen Daten durch. Nach dieser Neukonstellation der Daten entsteht ein fiktiver Pfad für die zukünftige Entwicklung des Portfolios.

Wahl des Horizonts   Je weiter man mit den Daten in die Vergangenheit zurückgeht, desto mehr Informationen erhält man über die zu beobachtenden Finanzvariablen und desto bessere und genauere Vorhersagen für die Zukunft kann man erreichen. Die Verteilung der Daten soll wie besprochen natürlich einigermaßen stationär über den gewählten Zeithorizont sein, damit die Aussage stimmt.
In der Realität existieren aber oft signifikante Variationen im Risiko über einen längeren Zeithorizont!
Mögliche Ansätze zur Problembehandlung wären die gefilterte historische Simulationsmethode oder ein zusätzliches zeitabhängiges Modell für die Volatilität der Renditen.
Die meisten Banken verwenden eine Zeitspanne zwischen 250 und 750 Tage.

5.2 Konzept

Im Folgenden werden wir zwei Beispiele anführen, die eine historische Simulationsmethode beschreiben:

Beispiel 2. Wir möchten den weiteren Verlauf einer Aktie S für den nächsten Tag prognostizieren.

$$R_{t_0} \longmapsto R_{t_1}$$

Dazu betrachten wir historische Tagesrenditen aus den letzten beiden Jahren. Aus diesen Daten nehmen wir eine zufällig gleichverteilt heraus. Wiederholen wir diesen Vorgang t mal, so erhalten wir t verschiedene Szenarien vom Aktienkurs S zum Zeitpunkt t_1.
Aus den Renditen ergeben sich die zukünftigen Aktienkurse:

$$S_{t+1} = S_t \cdot (1 + r_t) \tag{5.1}$$

Wenn wir diese der Größe nach ordnen, erhalten wir eine Verteilung für die zukünftige Rendite. Daraus können wir anschließend den VaR-Wert bestimmen.

Beispiel 3. Aufgabenstellung ist dieselbe wie zuvor. Wir möchten die Entwicklung eines Aktienkurses S betrachten.
Dazu wählen wir nun aber N verschiedene Renditen aus der Vergangenheit aus. Die gewichtete Summe dieser ergibt *ein* Szenario für die Zukunft. Eine zukünftige Rendite ergibt sich also aus der Vergangenheit von N Beobachtungen $(R_i)_i^N$:

$$R_s = \sum_{i=1}^{N} w_i R_i$$

wobei für die Gewichte w gilt: $\sum_{i=1}^{N} w_i = 1$

Bemerkung 5.1. *Diese Methode wird auch „bootstrapping" genannt, da auf der Basis einer Grundmenge, mehrere fiktive Pfade für die Rendite entstehen.*

extreme Ereignisse Das Auftreten von extremen Ereignissen stellt bei jeder Methode ein unsicheres Konzept dar. Prinzipiell fließt das Verhalten von extremen Ereignissen automatisch über die historischen Daten in die Berechnung ein. Dabei wird vorausgesetzt, dass sie bereits in der Vergangenheit aufgetreten sind und dass es sich auch nicht um einmalige Beobachtungen gehandelt hat.

Vorteile der historischen Simulationsmethode

+ Korrelationen unter den Risikofaktoren fließen automatisch durch die Daten aus der Vergangenheit ein.

+ Das Auftreten von extremen Ereignissen bzw. „fat tails" werden berücksichtigt (vorausgesetzt es gab sie bereits in der Vergangenheit und sie sind somit im Zeitfenster enthalten).

+ Methode ist robust, da man hier keine Annahmen über die speziellen Verteilungen der Risikofaktoren treffen muss.

+ Man kann auf Gamma und Vega Risiko eingehen.

+ Die Methode ist sehr gut nachzuvollziehen und intuitiv.

+ Es besteht ein direkter Zusammenhang mit der Wahl des Horizontes: je größer der Horizont, desto genauer werden die Ergebnisse.

− es müssen ausreichend viele Daten vorhanden sein.

− Annahme: Vergangenheit gibt einigermaßen Aufschluss über Zukunft.

− Annahme: Verteilung ist stationär über ausgewähltes Zeitfenster.

− Es wird nur ein einziger historischer Pfad betrachtet. Dadurch ergibt sich ein großer Standardfehler(besonders bei einem kurzen Horizont und einem hohen Konfidenzintervall).

Kapitel 6

Monte-Carlo Methode

Die Informationen stammen aus [1], [2], [3], [4].

Bei der Monte-Carlo Methode handelt es sich um eine Simulationsmethode. Die Basis stellt ein häufig durchgeführtes Zufallsexperiment dar. Mit den Zufallszahlen werden Szenarien für den Portfoliowert am Fälligkeitstag erstellt, indem Bewegungen in den Risikofaktoren simuliert werden. Aus diesen Szenarien schließt man dann auf die Verteilung des Portfoliowertes am Fälligkeitstag und kann sich somit den zugehörigen VaR-Wert berechnen. Die Simulationen sollten dabei eine große Breite von möglichen Situationen erfassen.

Die Pfade des Portfoliowertes ergeben sich also über die Methode der vollen Wertbestimmung.

Je mehr fiktive Pfade simuliert werden, desto genauer ist das zu erhaltende Ergebnis. Diese Aussage basiert auf dem Gesetz der großen Zahlen.

Korollar 6.1. *Die Wahrscheinlichkeit $\mathbb{P}(A)$ eines Ereignisses A lässt sich durch die relative Häufigkeit $\mathbb{H}(A)$ des Ereignisses approximieren, wobei die folgende Faustregel gilt: Soll der Fehler kleiner als 10^{-k} sein, so sind dazu etwa $n = 10^{2k}$ Simulationen erforderlich.*

Bemerkung 6.2. *Die Anzahl der Simulationen soll von der gewünschten Genauigkeit und dem Horizont des VaR-Wertes abhängen.*
10.000 *Simulationen implizieren in etwa einen relativen Fehler im Dezimalbereich.*

Bemerkung 6.3. *Diese Faustregel gilt unabhängig von der Dimensionalität (Anzahl der Risikofaktoren).*

6.1 Simulationen mit einer Zufallsvariable

Zuerst untersuchen wir die Vorgehensweise, wenn der Portfoliowert nur von einem Risikofaktor abhängt. Meistens ist diese Risikoquelle die Kursentwicklung einer Aktie S.

Folgende Schritte sind für die Monte-Carlo Simulation notwendig:

1. Lege einen geeigneten stochastischen Prozess fest, der die Bewegungen des Risikofaktors bestimmt.

2. Erstelle eine zufällige Zahlenfolge $r_1, r_2, \cdots, r_n$ und berechne dementsprechend den Wert von $S(t_1), S(t_2), \cdots, S(t_n)$.

3. Berechne den Wert des Portfolios W bis zum Fälligkeitstag T (festgelegt durch die Wahl des Horizontes) unter der Annahme, dass sich S wie oben entwickelt hat.

4. Wiederhole Schritte 2 und 3, z.B. 10.000 Mal.

5. Man erhält eine Verteilung des Portfoliowertes W_T , indem man $W_T^1 \cdots W_T^{10.000}$ der Größe nach ordnet.

6. Berechne den zugehörigen VaR-Wert:

$$VaR_\alpha(W_T) = \min \Big(w : \mathbb{P}(W_T > w) \leq 1 - \alpha \Big).$$

6.2 Wahl des Modells

Die Monte-Carlo Methode birgt die größte Gefahr bei der Bestimmung eines geeigneten Modells. Ist die Wahl dafür unrealistisch, so ist auch der VaR-Wert unbrauchbar.
Die Brownsche Bewegung stellt eine gute Basis für den Zufallsparameter in Finanzprodukten dar.

6.2.1 Das Wiener'sche Aktienkurs-Modell

Für Aktienkurse hat sich beispielsweise das Wiener'sche Aktienkurs-Modell sehr gut durchgesetzt. Es ist zeitstetig und der Aktienkurs kann nicht negativ werden. Jedoch setzt es normalverteilte und unabhängige Renditen voraus. In der Realität sind Aktienkurse aber oft unsymmetrisch und besitzen fettere Tails als eine Normalverteilung annimmt, das heißt, in der Wirklichkeit besteht eine höhere Wahrscheinlichkeit für besonders große beziehungsweise kleine Werte. Trotz seiner Unzulänglichkeiten ist das Wiener'sche-Aktien Modell wegen seiner Transparenz und Einfachheit sowohl in der Praxis als auch in der Theorie sehr beliebt und das gebräuchlichste Modell.

Definition 6.4. *Wiener'sche Aktienkurs-Modell*
Der Aktienkurs $(S_t)_{t\in[0,T]}$ entwickelt sich nach dem Wiener'schen Aktienkurs-Modell, wenn

$$S_t = S_0 \cdot \exp \left((\mu - \frac{\sigma^2}{2})t + \sigma B_t \right) \tag{6.1}$$

wobei μ und σ geschätzter Trend beziehungsweise Volatilität der Aktie pro Jahr sind und B_t eine Brownsche Bewegung darstellt.
Das Wiener'sche Aktienkurs-Modell (6.1) stellt die Lösung folgender stochastischer Differentialgleichung dar:

$$dS_t = \mu S_t \, dt + \sigma S_t \, dB_t \tag{6.2}$$

Bemerkung 6.5. *Das Wiener'sche Aktienkursmodell ist auch bekannt unter dem Namen „geometrische Brownsche Bewegung". Der Präfix „geometrisch" stammt von der Skalierung aller Paramter mit dem aktuellen Wert der Zufallsvariable S_t.*

Bemerkung 6.6. *Die Brownsche Bewegung an sich stellt kein gutes Modell für die Aktienkurs-Simulation dar, weil die Zufallsvariable auch negative Werte annehmen kann.*

Herleitung. Die Herleitung von (6.1) aus der stochastischen Differentialgleichung (6.2) erfolgt mittels der Itô-Formel.

Wir verwenden den folgenden Ansatz:

$$X_t \;=\; g(t, S_t) \quad \text{wobei} \quad g(t, s) = \log{(s)}$$

wenden auf S_t die Itô-Formel an:

$$g_t(t, S_t) \;=\; 0$$
$$g_x(t, S_t) \;=\; \frac{1}{S_t}$$
$$g_{xx}(t, S_t) \;=\; -\frac{1}{S_t^2}$$
$$\Longrightarrow^{Ito} \; dX_t \;=\; \Big(g_t + \mu S_t g_x + \frac{(\sigma S_t)^2}{2} g_{xx}\Big)dt + \sigma S_t g_x dB_t$$
$$=\; \Big(0 + \mu S_t \frac{1}{S_t} - \frac{\sigma^2 S_t^2}{2}\frac{1}{S_t^2}\Big)dt + \sigma S_t \frac{1}{S_t} dB_t$$
$$\Longrightarrow \quad X_t \;=\; X_0 + \underbrace{\int_0^t \mu - \frac{\sigma^2}{2} ds}_{=(\mu - \frac{\sigma^2}{2})t} + \underbrace{\int_0^t \sigma dB_s}_{=\sigma B_t}$$

Setzen wir nun für $X_t = \log{(S_t)}$ ein, so erhalten wir

$$\log(S_t) = \log(S_0) + (\mu - \frac{\sigma^2}{2})t + \sigma B_t$$

Exponieren wir diese Gleichung noch, so erhalten wir die in der Definition angegebene Formel:

$$S_t = S_0 \cdot \exp\Big((\mu - \frac{\sigma^2}{2})t + \sigma B_t\Big)$$

$\square$

6.2.2 Mean-Reverting Modelle

Die gebräuchlichsten Modelle in der Praxis sind das Vasicek-Modell oder das Cox-Ingersoll-Ross-Modell. Bei beiden handelt es sich um mean-reverting Modelle. Das bedeutet, dass sich die Zufallsvariable im Mittel in der Nähe eines langfristigen Mittelwertes Θ befindet. Die Zufallsvariable erholt sich sozusagen von Schocks. κ beschreibt die Rückkehrgeschwindigkeit zum Mittelwert. Bei genauerer Betrachtung kann man feststellen, dass sich die Zufallsvariable umso schneller wieder zum Mittelwert bewegt, umso weiter der momentane Wert davon entfernt ist.

Anwendungen finden Mean-Reverting Modelle, wenn man beispielsweise die Volatilität zufällig bestimmen möchte. Aber auch für die Modellierung von Zinsentwicklungen eignen sich diese Modelle sehr gut.

Definition 6.7. *Vasicek-Prozess*

$$dv_t = \kappa(\Theta - v_t)dt + \lambda v_t dB_t, \tag{6.3}$$

wobei $\kappa, \Theta, \lambda, v_t > 0$ *gilt und* B_t *eine Brownsche Bewegung darstellt.*

Definition 6.8. *Cox-Ingersoll-Ross-Prozess* *(Wurzel-Diffusions-Prozess)*

$$dv_t = \kappa(\Theta - v_t)dt + \lambda\sqrt{v_t}dB_t, \tag{6.4}$$

wobei $\kappa, \Theta, \lambda, v_t > 0$ *gilt und* B_t *eine Brownsche Bewegung darstellt.*

Herleitung. Herleitung der Lösung der stochastischen Differentialgleichung am Beispiel des Cox-Ingersoll-Ross Prozesses:

$$dv_t = \underbrace{\kappa(\Theta - v_t)}_{\mu} dt + \underbrace{\lambda\sqrt{v_t}}_{\sigma} dB_t$$

Wir verwenden den folgenden Ansatz:

$$Z_t = g(t, v_t) \quad \text{wobei} \quad g(t,v) = e^{\kappa t}v$$

wenden auf Z_t die Itô-Formel an:

$$
\begin{aligned}
g_t &= \kappa Z_t = \kappa e^{\kappa t}v_t \\
g_x &= e^{\kappa t} \\
g_{xx} &= 0 \\
\Longrightarrow^{Ito} dZ_t &= \left(g_t + \mu g_x + \frac{\sigma^2}{2}g_{xx}\right)dt + \sigma g_x dB_t \\
&= \kappa\Theta e^{\kappa t}dt + \lambda\sqrt{v_t}e^{\kappa t}dB_t \\
\Longrightarrow \quad Z_t &= Z_0 + \int_0^t \kappa\Theta e^{\kappa s}ds + \int_0^t \lambda\sqrt{v_s}e^{\kappa s}dB_s
\end{aligned}
$$

Setzen wir nun für $Z_t = e^{\kappa t}v_t$ ein, so erhalten wir

$$
\begin{aligned}
v_t &= e^{-\kappa t}Z_0 + e^{-\kappa t}\underbrace{\int_0^t \kappa\Theta e^{\kappa s}ds}_{m(e^{\kappa t}-1)} + e^{\kappa t} + \int_0^t \lambda\sqrt{v_s}e^{\kappa s}dB_s \\
&= v_0 e^{-\kappa t} + \Theta - \Theta e^{-\kappa t} + e^{-\kappa t}\lambda\underbrace{\int_0^t \overbrace{e^{\kappa s}}^{h(s)}\sqrt{v_s}\,dB_s}_{\text{Ito-Integral von}h(t)}
\end{aligned}
$$

$\square$

Bemerkung 6.9. *In diesem Fall des Cox-Ingersoll-Ross Prozesses erhalten wir keine geschlossene Lösung.*

6.3 Simulationen mit zwei Zufallsvariablen

Heutzutage wird eine Risikoanalyse auf dem höchsten umsetzbaren Level durchgeführt, um möglichst exakte Prognosen treffen zu können. Das impliziert die Einführung von mehreren Risikoquellen, die ebenso voneinander abhängig sein können.

Algorithmus 1. Die Erzeugung von zwei abhängigen Zufallszahlen ϵ_1 und ϵ_2:

$$\epsilon_1 = \eta_1$$
$$\epsilon_2 = \rho\eta_1 + \sqrt{(1-\rho^2)}\eta_2 \quad f\ddot{u}r 0 \leq \rho\,1$$

wobei η_1 und η_2 zwei voneinander unabhängige Zufallsvariablen sind und ρ den Korrelationskoeffizienten beschreibt.

Bemerkung 6.10. *Dieser Algorithmus basiert auf der Cholesky Zerlegung.*

Folgende Faustregel gilt:

$\rho > 0.2 \quad \cdots$ merkbare positive Abhängigkeit
$|\rho| < 0.2 \quad \cdots$ geringe Abhängigkeit
$\rho < -0.2 \quad \cdots$ merkbare negative Abhängigkeit

Die Bewegung ϵ_j fließt anschließend in den Risikofaktor S_j ein (unter der Annahme, dass sich S_j nach einem Wiener'schen Aktienkurs Modell entwickelt):

$$\Delta S_{j,t} = S_{j,t-1}(\mu_j \Delta t + \sigma_j \epsilon_{j,t} \sqrt{\Delta t}) \tag{6.5}$$

6.4   Vor- und Nachteile

+ Die Monte-Carlo Simulation ist das mächtigste Werkzeug zur Berechnung von VaR.

+ Die Methode ist sehr flexibel.

+ Ein sauberes Risikomanagment ist mit dieser Methode möglich.

+ „Fat-Tails" werden berücksichtigt, indem man schwankende Volatilitäten und Renditen in die Berechnung miteinfließen lässt.

+ Fixe oder vorübergehende Zahlflüsse können in die Simulationen miteinfließen.

+ Standardfehler verschwindet mit $\dfrac{1}{\sqrt{k}}$, wobei k die Anzahl der durchgeführten Zufallsexperimente darstellt.

− Es besteht ein großes Modellrisiko: Die Simulationen basieren auf einem bestimmten stochastischen Prozess der Risikofaktoren. Dieser muss korrekt bestimmt werden.

− Die Methode weist eine große Berechnungsdauer auf.

− Wenn zusätzlich im Anlagengegenstand eine Simulation inbegriffen ist, dann haben wir insgesamt eine Simulation in einer Simulation. Das ist rechnungstechnisch sehr aufwendig.

− Die Methode ist sehr teuer zu implementieren. Es verlangt die Benutzung von sehr aufwendigen Computersystemen.

− Es besteht ein Standardfehler in der Berechnung. Bei erneutem Durchführen der Methode wird man ein anderes Ergebnis erhalten.

Bemerkung 6.11. *Eine Alternative stellt die Gitter-Monte Carlo Methode dar. Das Portfolio wird nur an den Stützstellen bewertet und dazwischen linear approximiert. Das führt zu einer Beschleunigung der Berechnung, wenn eine exakte Berechnung sehr komplex ist.*

Bemerkung 6.12. *Die Computerrechenzeit wird immer schneller und billiger und daher werden Simulationsmethoden wie die Monte Carlo Methode in der Zukunft immer interessanter.*

Kapitel 7

Vergleich der verschiedenen Methoden

Delta-Normal Methode Der Delta-Normal Ansatz ergibt gute Werte für den VaR bei einem 95% igen Konfidenzintervall. Bei 99% wird VaR leicht zu weit nach unten geschätzt. Daher sollte das Ergebnis um 9 - 15 % nach oben gesetzt werden, um bessere Ergebnisse zu erzielen. Desweiteren kann durch eine größere Wahl des Parameters α die „fat tails" besser modelliert werden.

Ein großer Vorteil dieses Verfahrens ist, dass es keine aufwendigen Simulationen benötigt. Die Delta-Normal Methode ist die schnellste, aber ungenaueste Methode.

Historische Simulationsmethode Man hat nur eine endliche Anzahl an historischen Beobachtungen aus denen man seine Schlüsse ziehen muss. Der Speicherplatz für die Daten ist begrenzt und außerdem ändern sich oft die Umstände im Laufe der Zeit, sodass die Beobachtungen nicht mehr relevant für die Berechnungen sind. Daher hat man hauptsächlich gegenwartsnahe Informationen. Des Weiteren führen Simulationen zu Schwankungen in den Kenngrößen und man erhält Schätzungs- und Rundungsfehler. Diese verfälschen den Mittelwert, die Standardabweichung und die Quantile, die zu einer Berechnung des VaR benötigt werden. In der Praxis funktioniert diese Methode aber recht gut, wenn das Zeitfenster etwa ein Jahr oder mehr beträgt.

Monte-Carlo Methode Die Monte-Carlo Methode ist sehr ähnlich zur historischen Simulationsmethode. Sie unterscheiden sich nur in dem Punkt, dass hypothetische Änderungen im Underlying ΔS über Zufallszahlen eines zuvor festgelegten stochastischen Prozesses festgelegt werden.

Diese Methode ist die genaueste, aber in der Umsetzung ist sie sehr viel anspruchsvoller als die beiden vorherigen. Je mehr Simulationen durchgeführt werden, desto exakter werden die Ergebnisse, aber das nimmt auch mehr Zeit in Anspruch!

Bemerkung 7.1. *Am besten wäre es, wenn man die Genauigkeit des VaR Wertes immer gleich dazu angibt, indem man sinnvolle Schranken berechnet, in denen sich der gesuchte Wert höchstwahrscheinlich befindet.*

Bemerkung 7.2. *Eine Kombination der verschiedenen Methoden ist ebenfalls möglich! z.B: der Delta-Gamma-Monte-Carlo Ansatz oder die Gitter-Monte-Carlo Methode*

Kapitel 8

Stress-Tests

In diesem Kapitel folgen wir [1].

Der VaR quantifiziert Verluste unter normalen Marktbedingungen. Der Ausdruck „normal " wird hier über das Konfidenzintervall festgelegt - typischerweise 99%.
Manchmal ereignen sich in der Realität aber extreme Ereignisse, die eigentlich gar nicht eintreten dürften, wenn man die Auftrittswahrscheinlichkeit betrachtet, z.B Ereignisse mit 20% Standardabweichung vom Mittelwert. Ein 99%-iger VaR hätte diesen Verlust nie vorhersagen können. Deshalb ist es auch wichtig, sich bei einer Risikoanalyse bestimmte Szenarien einzeln anzusehen und auszuwerten.

Stresstests sind sehr intuitiv. Die Verluste werden in Beziehung zu einem konkreten Ereignis gestellt. Diese Vorgehensweise ist viel besser nachzuvollziehen, als wenn man nur Schlüsse aus einer statistischen Verteilung zieht. Außerdem sind Stresstests sehr einfach durchzuführen.

Stresstests stellen wie der VaR ein Risikomaß dar, jedoch benötigt man keine wahrscheinlichkeitsspezifischen Annahmen.
Das Baselkommittee beispielsweise fordert Stresstests von Unternehmen und Banken als eine der sieben Bedingungen, die erfüllt sein müssen, um interne Modelle verwenden zu können. Stresstests werden ebenfalls von der „Derivatives Policy Group" und bei der „Group of Thirty" durchgeführt.

Definition 8.1. *Stresstests beschreiben den Prozess der Erkennung von Situationen, die außergewöhnliche Verluste mit sich ziehen.*

8.1 Sensitivitätsanalyse

Nacheinander wird eine Schlüsselvariable um eine große Menge bewegt und beobachtet wie stark sich dieser Vorgang im Portfoliowert auswirkt. Dadurch kann der individuelle Einfluss einzelner Risikofaktoren auf das Portfolio sehr gut quantifiziert werden. Dieses Verfahren ignoriert jedoch Korrelationen, was sehr gefährlich sein kann!
Die „Derivatives Policy Group " empfiehlt folgende konkrete Aktivitäten für die Sensitivitätsanalyse durchzuführen:

- Erstelle eine Renditekurve, die sich um ± 100 Basispunkte von der ursprünglichen unterscheidet.

- Stauche die Renditekurve um ± 100 Basispunkte.

- Kombiniere die beiden vorherigen Effekte.

- Ändere die implizite Volatilität um $\pm 20\%$ vom aktuellen Wert.

- Ändere den Marktwert-Index um $\pm 10\%$.

- Betrachte Währungsänderungen um $\pm 6\%$ bei Hauptwährungen und $\pm 20\%$ bei den Restlichen.

- Betrachte Änderungen in Swap-Spreads um ± 20 Basispunkte.

Bemerkung 8.2. *Die oben angeführten Bewegungen sind für einen täglichen Horizont sehr groß. Schwachstellen können so aber gut identifiziert werden.*

8.2 Szenarioanalyse

In diesem Abschnitt werden wir mehrere Risikofaktoren gleichzeitig bewegen. Üblicherweise beinhaltet das ebenfalls große Bewegungen.

Grundsätzlich gibt es zwei Möglichkeiten, die Bewegungen der Risikofaktoren und dadurch ein Szenario zu konstruieren: Entweder betrachtet man den historischen Verlauf und filtert aufgrund dieser Information geeignete Szenarien heraus oder man untersucht Situationen, die möglicherweise zukünftig auftreten könnten.

Zukünftige Szenarien

Wie wirkt sich beispielsweise ein Erdbeben in Tokyo auf den Finanzmarkt aus? Welche Bewegung in den Risikofaktoren würde das ergeben? Portfoliowerte werden aus dieser Kenntnis erzeugt und dessen potentielle Verluste diskutiert.

Weitere Beispiele für Ereignisse, die extreme Verluste mit sich bringen könnten, wären die Wiedervereinigung von Korea oder ein Krieg in einem ressourcenreichen Land (Öl).

Eine weitere Möglichkeit, um extreme Situationen in der Zukunft zu erkennen, liefert die **Factor-Push Methode**:

Man bestimmt zuerst individuell für jeden Risikofaktor, welche Bewegung sich besonders schlecht auf den Portfoliowert auswirkt (Sensitivitätsanalyse). Anschließend führt man für alle Faktoren diese Bewegung aus und analysiert den kombinierten Effekt der Bewegungen. Ein großes Manko dieser Vorgehensweise ist, dass Korrelationen nicht berücksichtigt werden! Es macht beispielsweise wenig Sinn, wenn zwei positiv korrelierte Faktoren sich in unterschiedliche Richtungen bewegen. Darüber hinaus hat die kombinierte Bewegung oft einen ganz anderen Effekt auf den Portfoliowert (vgl. dazu die Kombination von Long-Optionen). Außerdem werden bei dieser Vorgehensweise bei weitem nicht alle plausiblen Extremsituationen erkannt.

Vergangene Szenarien

Eine alternative Möglichkeit wäre es vergangene Ereignisse zu analysieren und so Beispiele für kombinierte Bewegungen der Risikofaktoren zu erhalten. Aus diesen Bewegungen wird die Größe des Verlustes festgestellt, wenn ein ähnliches Szenario eintritt, wie es sich bei der vergangenen Katastrophe ereignet hat.

Beispiel 4. Eine Wirtschaftskrise im Europäischen Raum hat möglicherweise ähnliche Auswikungen wie die russische Währungskrise aus dem Jahr 1998 auf den LTCM hatte.

Bemerkung 8.3. *Zur Durchführung der Stresstests müssen die Portfoliowerte unter den entsprechenden Bewegungen der Risikofaktoren zur Gänze neu berechnet werden.*

Bemerkung 8.4. *Die Methode der Stresstests ist sehr subjektiv. Ergebnisse über das Risiko eines Finanzprodukts hängen stark von der Auswahl der Szenarien ab. Unrealistische Bewegungen können fatale Verluste für Szenarien prognostizieren, die vielleicht nie eintreten werden. Schlimmer noch wäre, wenn bestimmte Szenarien nicht betrachtet werden, die die Bewertung des Produkts aber erheblich verschlechtern würden. Diese Aspekte sind besonders bei der Risikoanalyse von großen komplexen Portfolios zu beachten.*

Bemerkung 8.5. *Stresstests sollten als Ergänzung und nicht als Ersatz der VaR-Analyse gesehen werden.*

Teil II

Praxisorientierte Anwendung

Kapitel 9

Grundbegriffe aus der Finanzmathematik

Siehe [2] und [6].

Das No-Arbitrage Prinzip Das No-Arbitrage Prinzip ist das Grundaxiom der Finanzmathematik. Es gibt keine Handelsstrategie mit Hilfe derer man ohne einen Grundeinsatz sicher einen positiven Gewinn erzielt.

$$\mathbb{P}(W_t \geq 0) = 1 \quad \text{sowie} \quad \mathbb{P}(W_t > 0) > 0$$

wobei W_t den Wert eines Portfolios zum Zeitpunkt t beschreibt.

Portfolio Ein Portfolio stellt eine Möglichkeit der Geldanlage dar. Eine Investmentgesellschaft(meistens ein Tochterunternehmen von Banken und Versicherungen) bekommt von den Anlegern das Geld zur Verfügung gestellt und errichtet eine Sammlung von verschiedenen Finanzprodukten wie Aktien, Anleihen, Währungen, Zinsen, Rohstoffe, Immobilien usw.
Die konkrete Auswahl der Finanzprodukte fordert eine ausführlichen Analyse und hängt von der Risikobereitschaft ab. Vorteilhaft wäre ein breitgefächertes Portfolio, das sowohl risikoreiche(z.B. Aktien) als auch -arme (z.B. Bargeld, festverzinste Wertpapiere) Finanzprodukte beinhaltet, umso eine Risikomischung zu erzielen. Das heißt ,ein Kursrückgang einer konkreten Aktie kann durch die Chance eines Kursanstiegs einer anderen Aktie wieder ausgeglichen werden.
Die Rendite eines Portfolios ergibt sich aus dem anteilsmäßigen Erfolg beziehungsweise Misserfolg der einzelnen Komponenten.

(Europäische) Put-Optionen Optionen beziehen sich auf die Wertentwicklung von anderen Finanzprodukten wie zum Beispiel auf Aktien, Anleihen, Währungen oder Rohstoffe. In diesem Kontext werden wir Verkaufsoptionen auf den S&P500 betrachten. Verkaufsoptionen werden auch Put-Optionen genannt. Besitzer(Stillhalter) dieser befinden sich in der Long Position und haben das Recht ein Underlying A zu einem bestimmten Ausübungspreis (Strike) zu einem festgelegten Zeitpunkt T in der Zukunft zu verkaufen. Ein Kursrückgang des Underlyings wäre hier vorteilhaft.

35

Die Gegenposition zum Long stellt die Shortposition dar, dessen Inhaber auch Stillhalter genannt werden. Diese haben nun die Pflicht das Produkt zum ausgemachten Preis zu kaufen bzw. die Differenz zwischen ausgemachtem und tatsächlichem Verkaufspreis auszuzahlen, wenn der Käufer die Option ausführt. Im Gegenzug erhalten sie zu Beginn den Optionskaufpreis in Cash. Günstige Situationen für den Stillhalter stellt ein Kursanstieg des Underlyings dar.

Das Präfix „ europäisch " bedeutet, dass die Option nur am Ende der Laufzeit ausgeführt werden kann. Im Gegensatz dazu gibt es auch amerikanische Optionen, die während der Laufzeit ausgeführt werden können.

Parameter einer Option:

- Underlying A: Über die Wertentwicklung dieses Produkts wird spekuliert.

- Fälligkeitsdatum T: Zeitpunkt in der Zukunft, an dem die Option ausgeübt werden kann

- Strike K: Zu Beginn festgelegter Ausübungspreis

- Optionspreis P: Geldbetrag, den der Besitzer an den Stillhalter zu Beginn zahlt

Mathematische Beschreibung des Payoffs:
Die Payoff-Funktion $\Phi(S_T)$ beschreibt den Gewinn von einem Besitzer eines Put-Long bzw. Put-Short Optionsscheines.
S_T entspricht dem Kurs des Underlyings am Fälligkeitstag.

- Put-Long Option: $\Phi(S_T) = \max(K - S_T, 0) - P$

Abbildung 9.1: Gewinnfunktion einer Put-Long Option

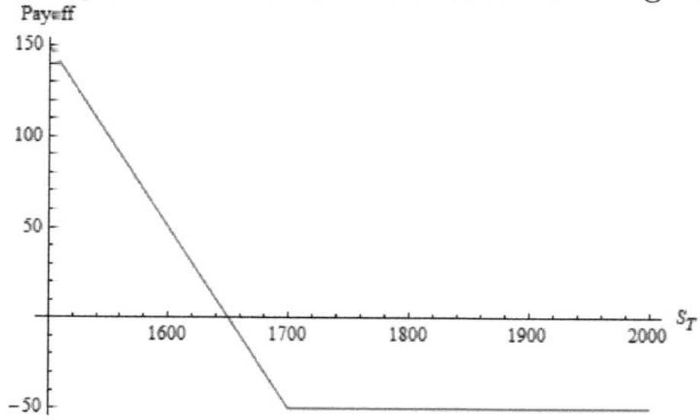

- Put-Short Option: $\Phi(S_T) = \min(S_T - K, 0) + P$

Bemerkung 9.1. *Optionen kauft man üblicherweise in einer größeren Stückzahl. Ein Kontrakt bezeichnet die kleinste handelbare Einheit an Stückzahlen. Beim S&P500 besteht beispielsweise ein Kontrakt aus 100 Stück.*

S&P 500 Bei dem S&P 500 handelt es sich um eine Kennzahl, einen Aktienindex, die dem Betrachter Aufschluss über den gesamten US-amerikanischen Aktienmarkt liefern soll. Der Wert wird anhand der Kursentwicklungen der 500 größten börsennotierten US-amerikanischen

Abbildung 9.2: Gewinnfunktion einer Put-Short Option

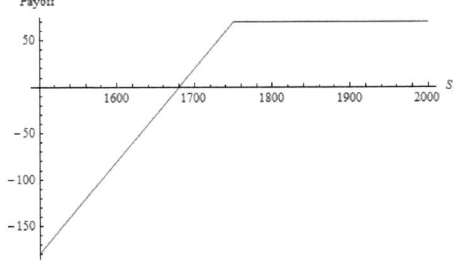

Unternehmen berechnet und deckt in etwa 75 % des vorhandenen Aktienmarktes ab. Die Ratingagentur Standard & Poor's trifft die Entscheidung über die Auswahl der Unternehmen in den Aktienindex.
Börsen an denen die Unternehmen gehandelt werden: New York Stock Exchange (NYSE), der NYSE Amex (früher American Stock Exchange) und der NASDAQ

Der Kurs des S&P 500 wird sehr oft als Orientierungsgröße hergenommen, der das systematische Risiko repräsentiert. Er gehört zu einer der meistbeachtesten Aktienindizes der Welt. Zur Zeit liegt der S&P 500 bei 1870 Punkten.

Kapitel 10

Risikoanalyse eines Portfolios

Im Folgenden befinden wir uns im Besitz eines Portfolios und möchten überprüfen wie risikoreich dieses ist. Wie groß ist die Wahrscheinlichkeit, dass der Verlust des Portfolios zu einem bestimmten Zeitpunkt in der Zukunft über einen gewissen Prozentsatz beträgt. Unsere Investitionssumme beträgt im Folgenden 100.000$. Ziel ist es, dass wir im schlimmsten Szenario höchstens diese Investitionssumme verlieren.

Mathematische Formulierung Sei W der Wert des Portfolios, p der Verlustprozentsatz, t_1 und t_2 zwei Zeitpunkte und T die Laufzeit des Portfolios

$$\mathbb{P}\Big(W(t_1) < (1-p) \cdot W(t_2)\Big) = ? \qquad (10.1)$$

wobei $0 \leq t_1 \leq t_2 \leq T$

10.0.1   Portfolio Nr. 1

Das erste Portfolio, das wir untersuchen werden, besteht nur aus Put-Short Optionen auf den S&P500. Der Aktienkurs des S&P500 liegt derzeit bei 1870 Punkten. Wir vermuten eine positive Kursentwicklung und entscheiden uns daher für den Kauf von 20 Short-Optionskontrakten mit einem Strike von 1750 Punkten. Zu Beginn der Laufzeit erhalten wir als Stillhalter den Optionspreis.

10.0.2   Ein problematisches Szenario

Sollte der Aktienkurs am Ende der Laufzeit plötzlich unter dem Ausübungspreis von 1750 Punkten fallen, zum Beispiel konkret auf 1650, so wird der Käufer die Option ausführen und wir würden als Stillhalter einen Verlust von

$$(1750 - 1650)\$ \cdot 2000 \text{ Stück} = 200.000\$$$

vernehmen. Die uns zur Verfügung stehende Geldmenge beträgt aber nur 100.000 $ und wir können daher diesem Verlust nicht nachkommen.

Bemerkung 10.1. *Die Nachschusspflicht*
Die Bank, die solche Geschäfte verwaltet, wird bei einem Kursfall während der Laufzeit

38

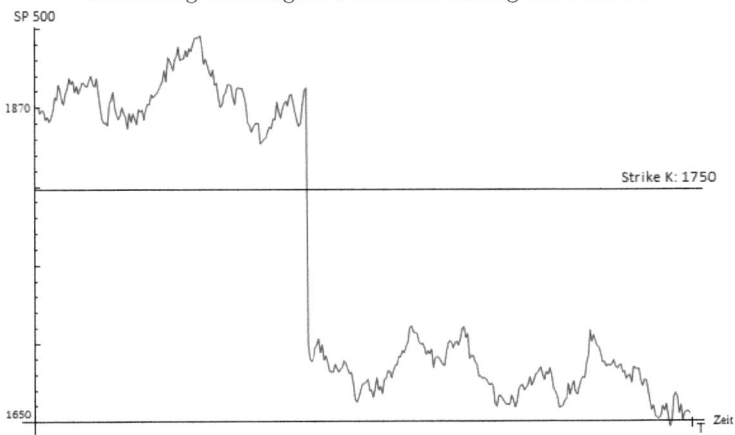

Abbildung 10.1: negative Kursentwicklung des S&P500

von uns sofort eine höhere Margin verlangen, um sicherzustellen, dass wir dem Termingeschäft auch nachkommen können. Diese zusätzliche Geldeinnahme der Bank wird auch Nachschusspflicht genannt.

Konkret bedeutet das für uns, dass wir entweder zusätzliches Geld nachlegen müssen oder wir verkaufen ein bestimmtes Finanzprodukt aus dem Portfolio. Letztere Lösung wäre allerdings nicht vorteilhaft, da man sozusagen im Minus verkauft und somit den Verlust realisiert. Zusätzliches Geld aufzutreiben ist auch nicht wünschenswert, da man sich auf die Investitionssumme beschränken möchte.

Fazit: Solche Situationen müssen vermieden werden! Wir müssen daher die Konstellation des Portfolios überdenken und verbessern.

Bemerkung 10.2. *Eine Möglichkeit für die Bank diese potentiellen Verluste zu prognostizieren, stellt die Value At Risk-Berechnung dar. Die Bank überprüft regelmäßig den VaR-Wert des Termingeschäfts und legt dementsprechend laufend einen geeigneten Betrag für die Margin fest.*

10.0.3 Ein Verbesserungsvorschlag - Portfolio Nr. 2

Ein Ausweg aus dieser misslichen Situation liefert der zusätzliche Kauf von der gleichen Anzahl an Put-Long Optionen. Diese sollten allerdings einen etwas niedrigeren Strike aufweisen. Die Anzahl der Short- bzw. Long-Kontrakte, die wir kaufen können, ergibt sich aus der Investitionssumme I, dem Strike der Short- beziehungsweise Long-Position K_S und K_L:

$$\text{Kontraktanzahl} = \frac{I}{100 \cdot (K_S - K_L)}$$

Mit diese Strategie können wir den maximalen potentiellen Verlust auf die Investitionssumme beschränken.

Sobald wir mit der Short-Position größere Verluste wahrnehmen würden, gewinnen wir mit der Gegenposition Put-Long.

Abbildung 10.2: Payoff der Kombination der Put-Short und Put-Long Option

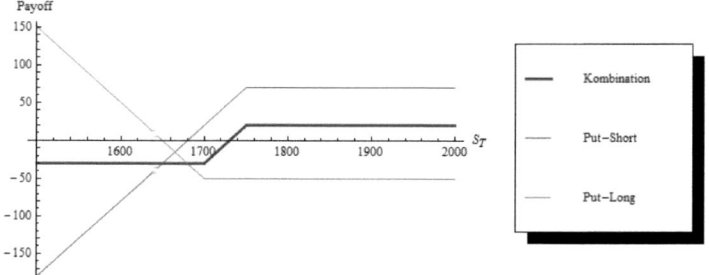

10.0.4 Szenario von vorhin

Beispiel erfolgt wie oben aber mit dem zusätlichen Kauf von 20 Put-Long Kontrakten mit einem etwas niedrigerem Strike von 1700.

1. Fall: Kurs des S&P 500 sinkt Würde nun, wie angenommen, der Kurs plötzlich auf 1650 fallen, gewinnen wir mit der Long

$$(1700 - 1650)\$ \cdot 2000 \text{ Stück} = 100.000\$$$

Das ergibt insgesamt einen Verlust von

$$-200.000\$ + 100.000\$ = 100.000\$$$

Das entspricht genau der Investitionssumme.

Würde der Kurs noch stärker fallen, z.B auf 1550, bleibt der Verlust trotzdem derselbe:

$$(1550 - 1750)\$ \cdot 2000 \text{ Stück} + (1700 - 1550)\$ \cdot 2000 \text{ Stück} = 100.000\$.$$

Würden wir aber 30 Stück von jedem Kontrakt kaufen, dann wäre der Verlust bei 150.000$:

$$(1550 - 1750)\$ \cdot 3000 \text{ Stück} + (1700 - 1550)\$ \cdot 3000 \text{ Stück} = 150.000\$$$

Die Anzahl der Kontrakte, die wir kaufen, spielt also ebenfalls eine wichtige Rolle und sollte wie in der Strategie oben besprochen, berechnet werden.

2.Fall: Kurs des S&P 500 steigt: Angenommen der Kurs des S&P 500 steigt bis zum Ende der Laufzeit auf 1900 Punkte:
Die Shortposition bringt uns den Gewinn des Optionpreises ein, da der Käufer die Option verfallen lassen wird. Dasselbe gilt natürlich für die Longposition: Wir werden die Option

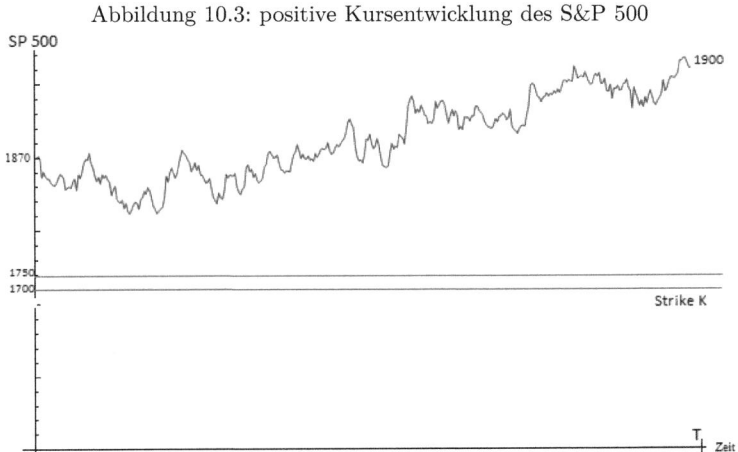
Abbildung 10.3: positive Kursentwicklung des S&P 500

genauso verfallen lassen! Auf Grund der unterschiedlichen Strikes können wir trotzdem einen Gewinn vernehmen:

$$\text{Gewinn} = \text{Preis der Short} - \text{Preis der Long}$$

Insgesamt wird durch den zusätzlichen Kauf der Put-Long Optionen der Gewinn etwas reduziert, aber der potentielle Verlust ist dafür begrenzt.
Diese Methode des Optionskaufes nennt man Hedging.

Bemerkung 10.3. *Der Preis der Short-Option ist auf Grund des höheren Strikes über dem der Long-Option.*

Korollar 10.4. *Mit dieser Strategie lässt sich der Maximalverlust auf die Investitionssumme beschränken.*

10.1 Risikoanalyse mit Mathematica

Wir werden nun das Portfolio Nr. 2 vom vorigen Abschnitt ausführlich mit Mathematica testen. Dazu simulieren wir viele mögliche Szenarien zu einem zukünftigen Zeitpunkt mit der Monte-Carlo Simulation.

10.1.1 Problembeschreibung

Momentan befinden wir uns zum Zeitpunkt t_1 und kennen daher den Aktienkurs S_t zu jedem Zeitpunkt $0 \leq t \leq t_1$. Wir werden uns nun die folgende Frage stellen:

„Wie groß ist die Wahrscheinlichkeit, dass der Verlust des Portfolios zu einem bestimmten Zeitpunkt t_2 in der Zukunft über einen gewissen Prozentsatz beträgt, wenn wir uns jetzt zum Zeitpunkt $t_1 \leq t_2$ befinden? "

41

Mathematische Formulierung dieser Frage: Sei W der Wert des Portfolios und p der Verlustprozentsatz:

$$\mathbb{P}\Big(W(t_1) < (1-p) \cdot W(t_2)\Big) = \ ? \tag{10.2}$$

Abbildung 10.4: zeitlicher Aktienkursverlauf

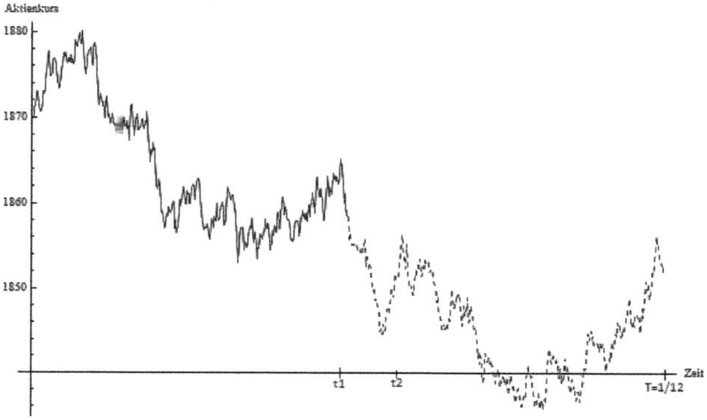

Zur Beantwortung dieser Frage simulieren wir den zukünftigen Verlauf des Portfolios mit der Monte-Carlo Simulation und analysieren die mögliche Wertentwicklung unseres Portfolios.

10.1.2 Wert des Portfolios

Der Wert des Portfolios W zu einem bestimmten Zeitpunkt $t \geq 0$ setzt sich zusammen aus:

- **Investitionssumme:** 100.000\$
  (Das Portfolio dient als Marginhinterlegung dieses Termingeschäftes)

- **Wert der Put-Short $\mathbf{P^S}(t)$** zum Zeitpunkt t

- **Wert der Put-Long $\mathbf{P^L}(t)$** zum Zeitpunkt t

- **Einnahmen zu Beginn:** Einnahmen $= P^S(0) - P^L(0)$
  Die Einnahmen setzen sich aus der Differenz des Preises der Short- und Long-Optionen zusammen. Der Preis ergibt sich aus dem Wert der jeweiligen Optionen zum Zeitpunkt 0. Auf Grund des höheren Strikes bei der Short-Option ist dieser Betrag positiv.

Korollar 10.5.

$$W(t) = 100.000\$ + \Big(P^S(0) - P^L(0) - P^S(t) + P^L(t) \Big) \cdot \text{Stückanzahl}$$

Bemerkung 10.6. *Korrekterweise sollten die Investitionssumme als auch die Einnahmen am Anfang des Geschäfts verzinst werden. Aus Gründen der Einfachheit werden wir aber darauf verzichten. Am Ergebnis würde sich dadurch nicht sehr viel ändern, da der jetzige Zinssatz sehr gering ist beziehungsweise auf Anlagevermögen teilweise überhaupt kein Zinssatz verrechnet wird.*

10.1.3 Wahl des Modells

Der Optionswert $P^S(t)$ beziehungsweise $P^L(t)$ zum Zeitpunkt t hängt natürlich von der Entwicklung des Aktienkurses S des Portfolios ab. Der Aktienkurs S beschreibt daher unsere Risikoquelle. Wir werden erstmals diesen mit der Monte-Carlo Simulation simulieren. Dafür verwenden wir das Wiener'sche Aktienkurs-Modell (siehe Modellbeschreibung in Kapitel 6, Definition 6.4)

Annahme. Wiener'sche Aktienkurs-Modell
Der Aktienkurs $(S_t)_{t\in[0,T]}$ entwickelt sich nach dem Wiener'schen Aktienkurs-Modell, sodass gilt

$$S_t = S_0 \cdot \exp(\mu t + \sigma B_t) \tag{10.3}$$

wobei μ und σ geschätzter Trend beziehungsweise Volatilität der Aktie pro Jahr sind und B_t eine Brownsche Bewegung darstellt.

Mit Hilfe des Wiener'schen Aktienkursmodells simulieren wir nun 500 fiktive Pfade für den Aktienkurs bis zum Zeitpunkt t_2. Dazu müssen wir zuerst 500 normalverteilte Zufallsvariablen (mit Erwartungswert 0 und Varianz $t_2 - t_1$) erzeugen, die wir dann für B_t in Gleichung (10.3) einsetzen.

Für jede Simulation des Aktienkurses können wir dann auf den fairen Preis der Optionen zum Zeitpunkt t_2 schließen. Zur Berechnung verwenden wir zuerst die Black-Scholes Formel. Diese liefert nur explizite Ergebnisse für die Call-Option. Anschließend können wir dann vom fairen Preis der Call-Option auf den für die Put-Option schließen.

Satz 10.7. *Black-Scholes Formel für den fairen Preis europäischer Call-Optionen*
Für den Preis C_t einer europäischen Call Option mit Laufzeit T, Strike K und Underlying S, das einem Wiener'schen Aktienkursmodell folgt, gilt zum Zeitpunkt t:

$$C_t = S_t\Phi(d_+) - e^{-r(T-t)}K\Phi(d_-) \tag{10.4}$$

mit

$$d_{\pm} = \frac{\log\frac{S_t}{K} + (r \pm \frac{\sigma^2}{2})(T - t)}{\sigma\sqrt{T - t}} \tag{10.5}$$

wobei $\Phi(x)$ die Verteilungsfunktion der Standard-Normalverteilung bezeichnet.

Bemerkung 10.8. *Zur Beschleunigung der Berechnung ist es sinnvoll das Integral der Verteilungsfunktion numerisch zu berechnen.*

Aus der Put-Call-Parität ergibt sich anschließend der Preis für eine europäische Put-Option:

Satz 10.9. *Put-Call-Parität*
Für den Preis einer Call bzw. einer Put-Option auf ein Underlying S mit Laufzeit T und Strike K muss wegen des No-Arbitrage Prinzips gelten:

$$C_t + K \cdot e^{-r\cdot(T-t)} = P_t + S_t \tag{10.6}$$

Diese Szenarien ergeben nun eine Verteilung des Portfoliowertes zum Zeitpunkt t_2.
Für eine Risikoabschätzung möchten wir wissen, wie oft große Verlust in den simulierten
Fällen eingetreten sind. Je nachdem wie oft der Portfoliowert bei den Simulationen unterhalb
der Verlustgrenze gefallen ist, erhalten wir näherungsweise die gesuchte Wahrscheinlichkeit
für eine Wertminderung des Portfolios.

Korollar 10.10. *Sei n die Anzahl der Simulationen, μ ein Zählmaß, dann gilt*

$$\mathbb{P}\Big(W(t_1) < (1-p) \cdot W(t_2)\Big) \approx \frac{\mu\Big(W(t_1) < (1-p) \cdot W(t_2)\Big)}{n} \tag{10.7}$$

Bemerkung 10.11. *Diese Aussage basiert auf dem Gesetz der großen Zahlen. Die relative
Häufigkeit des Ereignisses konvergiert für $n \to \infty$ gegen dessen Wahrscheinlichkeit.*

10.1.4 Stochastisches Volatilitätsmodell

Eine Erweiterung des Black-Scholes Modells stellt die stochastische Volatilität dar.

$$\{\sigma_t : t \geq 0\} \tag{10.8}$$

Anstatt die Vola wie bisher als konstant anzunehmen, versuchte Stephen L. Heston erstmals
1993 die Vola als (Wurzel-) Diffusions-Prozess darzustellen. Die Vola soll sich abhängig von
der Brownschen Bewegung des Aktienkurses entwickeln. In diesem Abschnitt werden wir
ebenfalls versuchen unser Modell dementsprechend zu modifizieren.

Motivation: Die Volatilität ist der einzige Parameter, der beim Black-Scholes Modell a-
priori zu wählen ist und sich nicht aus Informationen des Kontrakts (wie Laufzeit, Strike,
...) oder aus No-Arbitrage Überlegungen festlegen lässt. Allerdings kann man die Vola im-
plizit aus Angebot und Nachfrage des liquiden Finanzmarktes bestimmen. Optimalerweise
müssten verschiedene Optionen auf dasselbe Underlying eine gleiche Vola ergeben. In der
Realität erhält man aber kein eindeutiges Ergebnis, sondern es spiegelt sich eine gewisse
Abhängigkeit zwischen Vola, Strike und Laufzeit wider. Dieses Phänomen ist grafisch als ein
„Lächeln" zu erkennen, besser bekannt als „Volatilitäts-Smile".

Abbildung 10.5: Volatilitäts-Smile

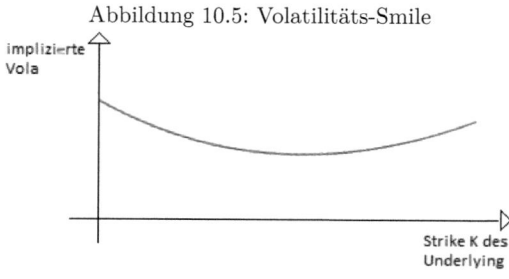

Wahl des Modells

Annahme. Die stochastische Volatilität entwickelt sich nach folgendem Prozess:

$$v_t = v_0 + \kappa v_0 dt + \lambda \tilde{B}_t, \tag{10.9}$$

wobei $\kappa, \lambda, v_t > 0$ gilt und $\tilde{B}_t$ eine Brownsche Bewegung darstellt, die mit B_t des Wiener Prozesses korreliert.

Bemerkung 10.12. *Typischerweise wird die Korrelation von $\tilde{B}_t$ und B_t negativ gewählt, da die Volatilität dazu tendiert, in Zeiten fallender Kurse zu steigen und bei steigenden Kursen zu fallen.*

Bemerkung 10.13. *Die Einbindung der zufälligen Volatilität in das Simulationsverfahren hat zur Folge, dass auch Szenarien, die ein Vega-Risiko aufweisen, überdacht werden.*

10.2   Parameterwahl für die Tests

In diesem Abschnitt werden wir die Parameter für die Put-Optionen und den Wert des Aktienkurses $S(t_1)$ zum jetzigen Zeitpunkt festlegen. Wir werden die Paramter variieren lassen und die Höhe der diesbezüglichen Verlustwahrscheinlichkeiten anschließend analysieren. Dadurch sehen wir, wie sich die unterschiedlichen Faktoren auf das Risiko auswirken und welche Kombinationen eine große Verlustwahrscheinlichkeit zur Folge haben und daher vermieden werden sollten.

n	Anzahl der Simulationen	500
I	Investitionssumme	100.000$
r	risikoloser Zinssatz p.a.	0.01367
σ	Varianz des Aktienkurses S	0.12 0.18 0.25
$S(0)$	Aktienkurs	1870
$S(t_1)$	Aktienkurs	abhängig von σ
T	Laufzeit der Optionen	1 Monat
$T - t_1$	t_1 entspricht jetzigem Zeitpunkt	1 Woche 2 Wochen 3 Wochen 4 Wochen
$t_1 - t_2$	t_2 entspricht Zeitpunkt in der Zukunft über den wir Prognosen aufstellen möchten	3 Tage 1 Woche
K^S	Strike der Short-Option	abhängig von σ
K^L	Strike der Long-Option	abhängig von σ
p	Verlustwahrscheinlichkeit	5% 10% 20%

Für die σ-abhängigen Paramter, wählen wir folgende Werte:
$\sigma = 0.12$:

$S(t_1)$	Werte zw. $1800 - 1900$ in 10er-Schritten
K^S	1800
K^L	1750 1725 1700

$\sigma = 0.18$:

$S(t_1)$	Werte zw. $1750 - 1900$ in 10er-Schritten
K^S	1750
K^L	1700 1675 1650

46

$\sigma = 0.25$:

$S(t_1)$	Werte zw. $1700 - 1900$ in 10er-Schritten
K^S	1700
K^L	1650
	1625
	1600

Durch die Kombination der oben erwähnten Parameter, bekommen wir insgesamt 63 verschiedene Portfolios, deren zukünftigen Verlauf wir simulieren werden. Jedes dieser Portfolios erhält eine Bezeichnung, die sich aus vier Zahlen zusammensetzt:

- 1. Zahl: Sigma-Wert σ

- 2. Zahl: jetziger Zeitpunkt t_1

- 3. Zahl: zukünftiger Zeitpunkt t_2

- 4. Zahl: Strike der Long-Option K^L

Bemerkung 10.14. *Die Konstellation [σ 4 2 K^L] ist nicht möglich, da der Zeitpunkt t_2 ansonsten außerhalb der Laufzeit liegt.*

Beispiel 5. Portfolio 2312 bezeichnet jenes mit folgenden Parametern:

$$\begin{aligned} \sigma &= 0.18 \\ t_1 &= 3 \text{ Wochen nach Beginn der Laufzeit} \\ t_2 &= t_1 + 3 \text{ Tage} \\ K^L &= 1675 \end{aligned}$$

10.3 Interpretation der Testergebnisse

10.3.1 Allgemeine Informationen zu den Testergebnissen

Im Anhang sind die Ergebnisse zu den Simulationen zu finden. Die Daten sind in einem Tabellenformat abgespeichert und beinhalten Informationen zum jetzigen Aktienkurs $S(t_1)$, zum jetzigen Wert des Portfolios $W(t_1)$ und zum Risiko, dass der Verlust bis zum Zeitpunkt t_2 nicht größer als $5\%, 10\%$ oder 20% beträgt.

Um die Daten übersichtlicher zu gestalten, werden wir die Größe des Risikos farblich kennzeichnen:

Farbe	Verlust
dunkelrot	$< 40\%$
rot	$< 30\%$
gelb	$< 20\%$
blau	$< 10\%$
grün	$< 5\%$

10.3.2 Auswahl des momentanen Zeitpunktes t_1

Die Zeitpunkte t_1 unterscheiden sich jeweils in einer Woche und beschreiben den Zeitpunkt zu dem wir uns jetzt befinden. Wir kennen also den Verlauf des Aktienkurses bis zu t_1 und spekulieren über dessen weitere Entwicklung.

Korollar 10.15. *Je näher sich der Zeitpunkt t_1 am Ende der Laufzeit befindet, desto größer ist auch der potentielle Portfoliowert $W(t_1)$. Bei einer Verschiebung des Zeitpunktes t_1 um eine Woche nach hinten wächst $W(t_1)$ umso mehr, je weiter der Aktienkurs S bis heute gefallen ist. Der Wert von $\Delta W(t_1)$ erhöht sich pro Woche Verschiebung des Zeitpunktes t_1 bei fallendem S in etwa um 3000\$. Bleibt S konstant bzw. steigt S, dann verringert sich der Unterschied $\Delta W(t_1)$ auf etwa 1000\$.*

Beispiel 6. Zur Veranschaulichung von Korollar 10.15

Portfolio	1222 und 1322
σ	0.12
t_1	2 bzw. 3 Wochen nach Beginn der Laufzeit
t_2	$t_1 + 3$ Tage
Strike Short	1800
Strike Long	1725

$S(t_1)$	$W(t_1)$ von 1222	$W(t_1)$ von 1322	$|\Delta W(t_1)|$
1800	81.700\$	85.200\$	3.500\$
1810	87.100\$	90.800\$	3.700\$
1820	91.600\$	95.200\$	3.600\$
1830	95.200\$	98.600\$	3.400\$
1840	98.100\$	101.000\$	2.900\$
1850	100.300\$	102.600\$	2.300\$
1860	101.900\$	103.700\$	1.800\$
1870	103.000\$	104.300\$	1.300\$
1880	103.800\$	104.700\$	900\$
1890	104.300\$	104.900\$	600\$
1900	104.700\$	105.100\$	400\$

Portfoliowerte wurden zur besseren Veranschaulichung gerundet.

Korollar 10.16. *Die Verlustwahrscheinlichkeit sinkt im Allgemeinen für einen späteren Zeitpunkt t_1. Die größten Unterschiede sind bei einem leichten Fall des Aktienkurses bzw. bei einem Gleichbleiben des Aktienkurses von $S(t_0)$ auf $S(t_1)$ zu vermerken.*

Bemerkung 10.17. *Die maximale Risikoabnahme, wenn $t_1 \mapsto (t_1 + 1\,Woche)$, liegt bei 13% für Verluste über 5% (vgl. Portfolio 3312 mit 3412), 9% für Verluste über 10% (vgl. Portfolio 2123 mit 2223) und bei 7% für Verluste über 20% (vgl. Portfolio 3121 mit 3221).*

10.3.3 Auswahl des Horizonts bis zum Zeitpunkt t_2

Wie ändert sich das Risiko, wenn der Zeitpunkt t_2 weiter in die Zukunft rückt? Bei diesen Tests haben wir t_2 von drei Tage auf eine Woche erweitert. Intuitiv würden wir sagen, dass dadurch mehr Spielraum für Extremitäten gegeben ist. Die Testergebnisse bestätigen auch diese Vermutung.

Beispiel 7. Betrachten wir folgende Portfolios:

Portfolio	1211, 1221
σ	0.12
t_1	2 Wochen nach Beginn der Laufzeit
t_2	$t_1 + 3$ Tage bzw. $t_1 + 1$ Woche
Strike Short	1800
Strike Long	1750

Dieses Portfolio zeigt eine Risikozunahme, wenn wir den Zeithorizont bis zum Zeitpunkt t_2 von drei Tage auf eine Woche erhöhen.

Das Risiko für einen Verlust über 5% des jetzigen Wertes steigt hier ebenfalls um 5%, wenn wir den späteren Zeitpunkt für t_2 wählen. Ist $S(t_1)$ bis heute gefallen, so wächst das Risiko sogar um 10%!

Wenn wir uns die Wahrscheinlichkeit für einen noch größeren Verlust in den nächsten Tagen ansehen, dann wächst das Risiko noch stärker:

Bei einem Verlust von über 10% liegen wir bei einer Risikozunahme von 8% und bei einem Verlust von über 20% liegen wir bei einer Risikozunahme von 10% (Annahme Aktienkurs S ist gefallen).

Korollar 10.18. *Wächst der Zeithorizont $\Delta t = t_2 - t_1$ für die zukünftigen Prognosen, so wächst im Allgemeinen auch das Risiko für einen Verlust. Besonders stark wirkt sich das bei Vorhersagen für große Verluste aus.*

Bemerkung 10.19. *Im Bereich der 5%-igen Verlustwahrscheinlichkeit konnte dieses Korollar für folgende Portfolios nicht nachgewiesen werden: 1112 mit 1122, 3312 mit 3321, 2111 mit 2121 und 1313 mit 1323.*

In diesen Fällen wurde bei einem Kursfall $S \downarrow$ bis zum heutigen Zeitpunkt eine Verminderung des Risikos beobachtet, wenn man den Zeithorizont ausdehnt.

10.3.4 Bestimmung des Strikes der Long-Option

Im Bezug auf den Portfoliowert lässt sich folgender Zusammenhang aus den Daten herauslesen:

Korollar 10.20. *Aktienkurs sinkt:* $S(t_1) \downarrow$
Wenn sich der Aktienkurs vom Beginn der Laufzeit bis jetzt negativ entwickelt hat, dann hat sich dadurch auch der Wert des Portfolios $W(P)$ vermindert. Für Portfolios mit niedrigeren Long-Strikes ist $W(P)$ höher als im Vergleich zu Portfolios mit einem höheren Long-Strike. Je stärker der Aktienkurs gefallen ist, desto größer ist der Unterschied in den Portfoliowerten mit verschiedenen Long-Strikes.

Korollar 10.21. *Aktienkurs steigt:* $S(t_1) \uparrow$
Wenn sich der Aktienkurs vom Beginn der Laufzeit bis jetzt positiv entwickelt hat, so gilt die umgekehrte Beziehung zwischen Portfoliowert und Strike der Long: $W(P)$ ist umso größer, je höher der Strike der Long-Option ist. Je stärker der Aktienkurs gestiegen ist, desto größer ist wiederrum der Unterschied im Portfoliowert.

Folgende Portfolios weisen vergleichsweise große Portfoliowertdifferenzen auf:

Beispiel 8.
Aktienkurs entwickelt sich bis heute insgesamt negativ, z.B.: $St1 \downarrow 1700$
Hierfür liegt ein maximaler Wertunterschied von 10.000\$ vor. Der Strike der Long-Option in den Portfolios unterscheidet sich um 50 Punkte, alle anderen Parameter sind gleich.

Portfolio	3411, 3413
σ	0.25
$t1$	4 Wochen nach Beginn der Laufzeit
$t2$	$t1 + 3$ Tage
Strike Short	1700
Strike Long	1650, 1600

Bemerkung 10.22. *Ähnliche Situation wie oben in Portfolio 1211 und 1213. Unterschied des Portfoliowertes $W(P)$ beträgt:* $\approx 9000\$$

Beispiel 9. Wenn $St1 \uparrow$ sich bis heute positiv entwickelt hat, gilt: ein höherer Long-Strike impliziert einen höheren Portfoliowert.
Maximale Portfoliowertdifferenz: 2900\$ (aus den Daten)

Portfolio	1411, 1413
σ	0.12
$t1$	4 Wochen nach Beginn der Laufzeit
$t2$	$t1 + 3$ Tage
Strike Short	1800
Strike Long	1750, 1700

Korollar 10.23. *Verlustwahrscheinlichkeiten*
Im Allgemeinen kann gesagt werden, dass das Risiko umso größer ist, je höher der Strike der Long ist.

Diese Aussage ist ebenfalls an den Portfolios von Beispiel 8 ersichtlich.

Besonders im Bereich der 5%-igen Verlustwahrscheinlichkeit bewirkt eine Verminderung des Strikes gleich ein viel geringeres Risiko. Dabei sprechen wir von einer Verbesserung von durchschnittlich 5 und maximal 12 Prozent!

Beispiel 10.

Portfolio	$3321, 3322, 3323$
σ	0.25
$t1$	3 Wochen nach Beginn der Laufzeit
$t2$	$t1 + 1$ Woche
Strike Short	1700
Strike Long	$1650, 1625, 1600$

Dieses Portfolio weist generell ein sehr großes Risiko auf. Wenn sich der Aktienkurs bis heute um 100 Punkte verschlechtert hat, so ist das Risiko für einen weiteren Verlust von 20% in den nächsten sieben Tagen sehr groß. In etwa jedem 10. Szenario tritt dieser Fall ein. Die Wahrscheinlichkeit für einen etwas geringeren Wertverlust von 5% liegt in etwa bei einem Viertel. Das ist sehr hoch.

Verändern wir den Strike der Long von 1650 auf 1625 und auf 1600 so verbessert sich dadurch die Risikoausgesetztheit um etwa 4%.

Beispiel 11.

Portfolio	$3121, 3122, 3123$
σ	0.25
$t1$	eine Woche nach Beginn der Laufzeit
$t2$	$t1 + 1$ Woche
Strike Short	1700
Strike Long	$1650, 1625, 1600$

Auch diese Portfolios stellen insgeamt ein großes Risiko dar. Spannend ist hier aber, wie sich das Risiko beim Strike-Long-Übergang von 1650 auf 1625 und von 1625 auf 1600 verändert. In beiden Fällen wird der Strike um jeweils 25 Prozentpunkte verringert. Die Risikoänderung sollte daher intuitiv in beiden Fällen ähnlich ausschauen.

Im ersten Fall nimmt die Wahrscheinlichkeit für einen Verlust zwischen 8-3% Prozent ab. Verringert man den Strike erneut um 25 Punkte, ändert sich aber im Bezug auf das Risiko praktisch nichts.

Bemerkung 10.24. *Dieses Verhalten der Übergänge lässt sich aber nicht auf alle Portfolios übertragen, wie die nächsten beiden Beispiele zeigen.*

Beispiel 12. Eine genau umgekehrte Beziehung der Übergänge bei den Strike-Long-Parametern weist das folgende Beispiel auf:

Portfolio	$2221, 222\epsilon, 2223$
σ	0.18
$t1$	2 Wochen nach Beginn der Laufzeit
$t2$	$t1 + 1$ Woche
Strike Short	1750
Strike Long	$1700, 167\epsilon, 1650$

Beispiel 13. In diesem Beispiel vermindert sich das Risiko in etwa um 8%, wenn man den Strike der Long von 1750 auf 1725 verringert. Eine erneute Verkleinerung des Strikes führt anschließend aber wieder zu einer Risikozunahme um etwa 5%.

Portfolio	$1121, 112\epsilon, 1123$
σ	0.12
$t1$	eine Woche nach Beginn der Laufzeit
$t2$	$t1 + 1$ Woche
Strike Short	1800
Strike Long	$1750, 172\epsilon, 1700$

10.3.5 Variierung des Streuungsparamters σ

Die Analyse über das Verhalten des Portfolios bei unterschiedlichen σ-Parametern ist etwas schwierig, da abhängig von der Wahl des σ sich auch die Parameter der Strikes (sowohl Short als auch Long) mitverändern.

Wir betrachten daher die Änderung von σ inklusive den Änderungen von σ-abhängigen Parametern.

Erhöhung von σ:

Größere Verluste sind erst zu erwarten, wenn sich der Aktienkurs bis heute negativ entwickelt hat. Das liegt daran, dass die Strikes der Optionen niedriger sind. Deshalb wählen wir einen längeren Beobachtungszeitraum von $S(t_1)$ für größere σ.

Befindet sich $S(t_1)$ bereits in der Nähe des Strikes der Short, so ist das Risiko bei einem größeren σ höher.

Korollar 10.25. *Für größere Schwankungen σ erhöht sich das Risiko.*

Beispiel 14. Betrachten wir die Wahrscheinlichkeit für einen Verlust, wenn sich $S(t_1)$ 50 Punkte oberhalb des Strikes der Short befindet.

$$S(t_1) = K^S + 50 \tag{10.10}$$

so liegen die Verlustwahrscheinlichkeiten für die unterschiedlichen σ in folgenden Bereichen:

	Verlust $< 5\%$	Verlust $< 10\%$	Verlust $< 20\%$
σ_1	15%	10%	3%
σ_2	20%	15%	5%
σ_3	30%	25%	15%.

Bemerkung 10.26. *Es ist wiederrum zu beachten, dass für $S(t_1) = K^S + 50$ der Aktienkurs unterschiedlich stark gefallen ist für die verschiedenen σ.*

10.3.6 Weitere Beobachtungen

Abbildung 10.6: Verteilung des Aktienkurses nach drei Tagen bei $\sigma = 0.25$

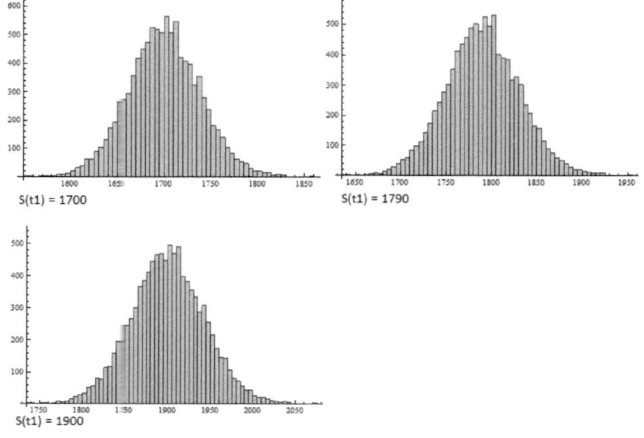

Bemerkung 10.27. *zur Abbildung 10.6*
Die Verteilung des Aktienkurses nach drei Tagen, sieht bei verschiedenen Anfangsaktienkursen $S(t_1)$ bis auf eine Verschiebung gleich aus. Der Erwartungswert $\mathbb{E}(S(t_2)) = S(t_1)$

Abbildung 10.7: Verteilung des Portfoliowertes mit der Paramterauswahl 3111

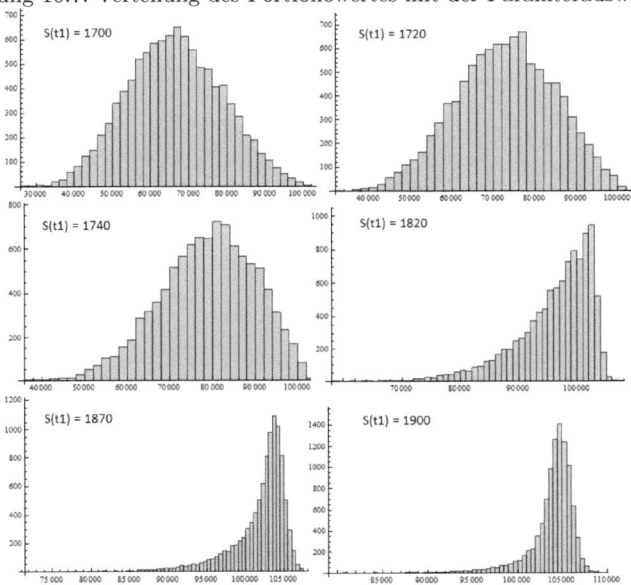

Bemerkung 10.28.

Portfolio	3111
σ	0.25
t_1	1 Wochen nach Beginn der Laufzeit
t_2	$t_1 + 3$ Tage
Strike Short	1700
Strike Long	1650

Bemerkung 10.29. *Die Verteilung des Portfoliowertes sieht unterschiedlich aus für verschiedene Anfangsaktienkurse $S(t_1)$.*
Es ist klar, dass je größer $S(t_1)$ ist, desto höher ist der Portfoliowert. Es liegt wie bei den Verteilungen von Abbildung 10.6 eine Verschiebung für unterschiedliche $S(t_1)$ vor. Des weiteren fällt auf, dass die Kurve für einen höheren $S(t_1)$ steilgipfliger und linksschief wird. Der 3. Moment der Verteilung nimmt ab, der 4. Moment nimmt zu.

Abbildung 10.8: Veränderung des Risikos bei verschiedenen Konfidenzintervallen

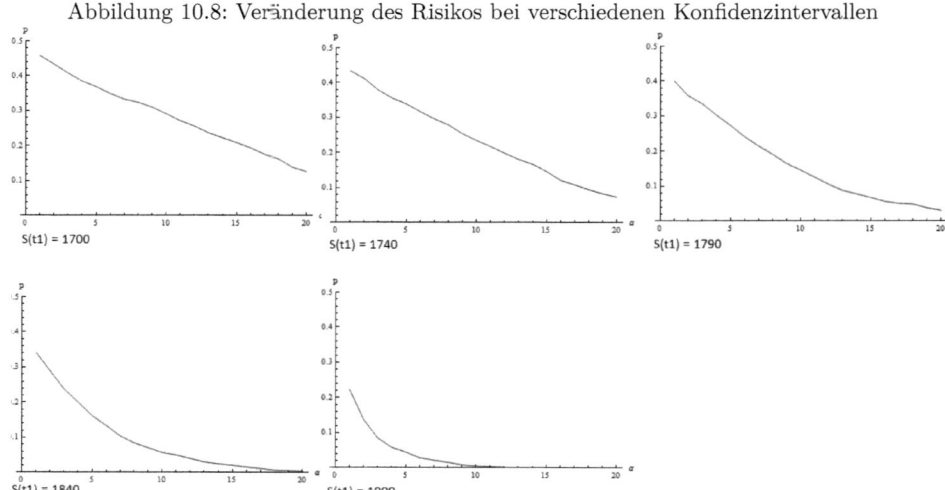

Bemerkung 10.30. *In Abbildung 10.8 wird die Verlustwahrscheinlichkeit (y-Achse) mit dem Konfidenzintervall (x-Achse) in Beziehung gestellt. Hat sich der Aktienkurs bis heute positiv entwickelt, so ist die Wahrscheinlichkeit für einen Verlust gering.*

10.3.7 Schlussfolgerungen

- Die Verlustwahrscheinlichkeit des Portfolios zum Zeitpunkt t_2 ist umso größer, je weiter der Aktienkurs bis zu t_1 gefallen ist. Bei positiver Entwicklung des Aktienkurses ist das Risiko für den weiteren Verlauf ziemlich gering.

- Das größte Risiko bieten jene Portfolios, wo sich t_1 noch weit weg vom Ende der Laufzeit befindet. Der Spielraum für extreme Ereignisse ist noch groß bis dahin.

- Je mehr Zeit zwischen t_1 und t_2 liegt, desto größer ist die Wahrscheinlichkeit für einen Verlust.

- Je näher sich der Strike der Long-Option bei dem des Shorts befindet, desto höher ist das Risiko.

- Je höher die Volatilität σ gewählt wird, desto größer ist die Schwankung im Portfoliowert.

-

risikoreiche Portfolios	risikoarme Portfolios
1121, (1221)	1413
2121, (2221)	2413
3221, (3121)	3413

1111 / 1112 / 1113

St1 /ert des Pf(t1)	>5%	>10%	>20%
1800	74343	30	20	7
1810	80302	29	17	5
1820	85627	27	16	3
1830	90250	25	13	3
1840	94151	21	9	1
1850	97353	18	7	0
1860	99909	13	5	0
1870	101896	9	2	0
1880	103399	6	1	0
1890	104507	3	0	0
1900	105303	1	0	0

St1 des Pf(t1)	>5%	>10%	>20%
1800	79255	33	21	5
1810	84330	31	18	3
1820	88748	28	15	1
1830	92493	26	11	0
1840	95587	21	6	0
1850	98078	17	5	0
1860	100032	12	2	0
1870	101527	6	0	0
1880	102642	1	0	0
1890	103454	1	0	0
1900	104031	0	0	0

St1 des Pf(t1)	>5%	>10%	>20%
1800	83234	29	17	3
1810	87459	25	13	1
1820	91078	22	11	1
1830	94102	20	8	0
1840	96570	16	4	0
1850	98536	11	2	0
1860	100065	8	1	0
1870	101226	3	1	0
1880	102007	2	0	0
1890	102711	1	0	0
1900	103152	0	0	0

1121 / 1122 / 1123

St1 /ert des Pf(t1)	>5%	>10%	>20%
1800	74343	36	29	16
1810	80302	33	27	14
1820	85627	32	25	12
1830	90250	30	22	10
1840	94151	28	19	8
1850	97353	25	15	5
1860	99909	20	11	2
1870	101896	16	9	2
1880	103399	12	6	1
1890	104507	9	3	0
1900	105303	6	2	0

St1 des Pf(t1)	>5%	>10%	>20%
1800	79255	28	21	12
1810	84330	27	18	10
1820	88748	24	17	8
1830	92493	21	15	6
1840	95587	19	12	4
1850	98078	16	9	2
1860	100032	13	8	1
1870	101527	10	5	1
1880	102642	8	3	0
1890	103454	5	1	0
1900	104031	3	1	0

St1 des Pf(t1)	>5%	>10%	>20%
1800	83234	33	26	10
1810	87459	32	24	8
1820	91078	30	21	6
1830	94102	27	16	4
1840	96570	24	12	2
1850	98536	19	8	1
1860	100065	14	5	1
1870	101226	9	3	0
1880	102087	6	1	0
1890	102711	3	1	0
1900	103152	1	0	0

1211 / 1212 / 1213

St1 /ert des Pf(t1)	>5%	>10%	>20%
1800	76472	34	22	8
1810	83003	32	19	6
1820	88656	29	17	4
1830	93370	24	12	2
1840	97158	19	8	1
1850	100092	15	5	0
1860	102285	10	3	0
1870	103867	5	1	0
1880	104968	2	0	0
1890	105710	2	0	0
1900	106191	4	0	0

St1 des Pf(t1)	>5%	>10%	>20%
1800	81731	32	24	5
1810	87082	30	20	3
1820	91580	27	17	2
1830	95235	24	10	1
1840	98107	20	5	0
1850	100289	14	2	0
1860	101892	6	2	0
1870	103032	3	1	0
1880	103816	2	0	0
1890	104338	0	0	0
1900	104675	0	0	0

St1 des Pf(t1)	>5%	>10%	>20%
1800	85629	26	16	6
1810	89948	23	13	3
1820	93522	20	10	3
1830	96390	17	7	2
1840	98621	12	5	1
1850	100302	9	3	0
1860	101530	6	2	0
1870	102399	3	1	0
1880	102995	2	0	0
1890	103390	0	0	0
1900	103644	0	0	0

1221 1222 1223

St1 /ert des Pf(t1)	>5%	>10%	>20%
1800	76472	38	32	20
1810	83003	35	30	17
1820	88656	33	27	13
1830	93370	29	23	9
1840	97158	26	17	8
1850	100092	22	13	6
1860	102285	16	9	4
1870	103867	11	7	2
1880	104968	9	5	1
1890	105710	13	2	0
1900	106191	13	1	0

St1 /ert des Pf(t1)	>5%	>10%	>20%
1800	79765	35	27	12
1810	87013	31	22	8
1820	92929	26	17	5
1830	97503	21	11	3
1840	100855	15	7	2
1850	103185	9	4	0
1860	104722	5	2	0
1870	105684	3	0	0
1880	106256	4	0	0
1890	106579	4	0	0
1900	106753	5	0	0

St1 /ert des Pf(t1)	>5%	>10%	>20%
1800	79765	33	29	22
1810	87013	29	25	16
1820	92929	25	21	11
1830	97503	21	15	8
1840	100855	15	11	5
1850	103185	11	8	3
1860	104722	8	5	1
1870	105684	9	3	1
1880	106256	10	1	1
1890	106579	11	1	0
1900	106753	11	0	0

1311 1312 1313

St1 des Pf(t1)	>5%	>10%	>20%
1800	81731	34	27	13
1810	87082	31	23	8
1820	91580	28	18	6
1830	95235	23	13	4
1840	98107	18	8	3
1850	100289	13	6	1
1860	101892	8	3	1
1870	103032	5	2	0
1880	103816	3	1	0
1890	104338	1	1	0
1900	104675	1	0	0

St1 des Pf(t1)	>5%	>10%	>20%
1800	85228	29	20	7
1810	90818	25	16	4
1820	95240	22	10	2
1830	98574	16	7	1
1840	100969	9	4	0
1850	102608	5	1	0
1860	103675	2	0	0
1870	104337	0	0	0
1880	104727	0	0	0
1890	104947	0	0	0
1900	105064	0	0	0

St1 des Pf(t1)	>5%	>10%	>20%
1800	85228	27	23	14
1810	90818	23	18	10
1820	95240	19	13	7
1830	98574	15	10	4
1840	100969	11	7	2
1850	102608	7	3	1
1860	103675	4	2	0
1870	104337	2	1	0
1880	104727	1	0	0
1890	104947	0	0	0
1900	105064	0	0	0

1321 1322 1323

St1 des Pf(t1)	>5%	>10%	>20%
1800	85629	28	21	11
1810	89948	27	19	8
1820	93522	23	16	6
1830	96390	19	12	5
1840	98621	16	9	3
1850	100302	12	6	1
1860	101530	9	4	1
1870	102399	5	3	1
1880	102995	4	1	0
1890	103390	2	0	0
1900	103644	0	0	0

St1 des Pf(t1)	>5%	>10%	>20%
1800	88751	27	15	4
1810	93094	23	10	2
1820	96493	17	6	1
1830	99035	10	4	0
1840	100851	6	2	0
1850	102089	3	1	0
1860	102893	1	0	0
1870	103391	0	0	0
1880	103685	0	0	0
1890	103850	0	0	0
1900	103938	0	0	0

St1 des Pf(t1)	>5%	>10%	>20%
1800	88751	22	17	8
1810	93094	18	14	6
1820	96493	15	9	4
1830	99035	12	7	2
1840	100851	7	4	1
1850	102089	4	2	1
1860	102893	2	1	0
1870	103391	1	0	0
1880	103685	1	0	0
1890	103850	0	0	0
1900	103938	0	0	0

1411
1412
1413

2111
2112
2113

St1 /ert des Pf(t1)		>5%	>10%	>20%
1800	85802	34	26	16
1810	93769	27	20	11
1820	99377	19	12	6
1830	102950	12	7	2
1840	105008	7	3	1
1850	106080	5	1	0
1860	106584	6	0	0
1870	106798	6	0	0
1880	106879	6	0	0
1890	106908	6	0	0
1900	106916	6	0	0

St1 /ert des Pf(t1)		>5%	>10%	>20%
1750	76131	37	26	9
1760	79862	35	24	8
1770	83288	33	21	7
1780	86394	32	19	5
1790	89176	29	16	4
1800	91638	28	13	1
1810	93789	25	11	1
1820	95649	22	9	0
1830	97236	18	7	0
1840	98576	15	5	0
1850	99694	11	3	0
1860	100617	8	1	0
1870	101371	6	0	0
1880	101979	4	0	0
1890	102465	2	0	0
1900	102849	1	0	0

St1 des Pf(t1)		>5%	>10%	>20%
1800	90648	28	18	8
1810	96234	19	11	4
1820	100086	12	7	1
1830	102510	7	2	0
1840	103896	3	1	0
1850	104615	1	0	0
1860	104952	0	0	0
1870	105095	0	0	0
1880	105149	0	0	0
1890	105168	0	0	0
1900	105174	0	0	0

St1 des Pf(t1)		>5%	>10%	>20%
1750	79460	27	19	6
1760	82770	26	19	5
1770	85779	24	16	3
1780	88482	23	14	2
1790	90882	21	13	1
1800	92990	20	10	0
1810	94820	19	9	0
1820	96391	16	7	0
1830	97725	14	4	0
1840	98845	11	1	0
1850	99775	9	1	0
1860	100540	7	0	0
1870	101162	4	0	0
1880	101662	1	0	0
1890	102060	0	0	0
1900	102374	0	0	0

St1 des Pf(t1)		>5%	>10%	>20%
1800	93103	21	13	4
1810	97308	14	9	1
1820	100202	11	4	0
1830	102022	5	1	0
1840	103062	1	0	0
1850	103601	0	0	0
1860	103854	0	0	0
1870	103961	0	0	0
1880	104002	0	0	0
1890	104016	0	0	0
1900	104020	0	0	0

St1 des Pf(t1)		>5%	>10%	>20%
1750	82253	31	19	4
1760	85169	29	17	2
1770	87801	27	14	2
1780	90151	25	12	1
1790	92227	24	10	0
1800	94041	21	8	0
1810	95609	17	5	0
1820	96950	14	3	0
1830	98085	12	2	0
1840	99036	9	1	0
1850	99823	6	0	0
1860	100469	3	0	0
1870	100993	2	0	0
1880	101414	1	0	0
1890	101749	0	0	0
1900	102013	0	0	0

2121 2122 2123

2211 2212 2213

St1 /ert des Pf(t1)		>5%	>10%	>20%
1750	76131	34	26	14
1760	79862	33	24	13
1770	83288	30	22	12
1780	86394	29	19	8
1790	89176	26	18	7
1800	91638	24	17	5
1810	93789	22	15	5
1820	95649	19	13	3
1830	97236	17	9	2
1840	98576	16	8	2
1850	99694	14	5	1
1860	100617	10	4	1
1870	101371	8	3	0
1880	101979	6	2	0
1890	102465	4	1	0
1900	102849	2	1	0

St1 des Pf(t1)		>5%	>10%	>20%
1750	79460	32	26	16
1760	82770	31	25	13
1770	85779	30	23	11
1780	88482	28	22	10
1790	90882	27	19	8
1800	92990	25	17	6
1810	94820	23	15	4
1820	96391	22	12	3
1830	97725	19	10	2
1840	98845	16	8	1
1850	99775	14	6	1
1860	100540	11	5	1
1870	101162	9	3	0
1880	101662	7	2	0
1890	102060	5	1	0
1900	102374	3	1	0

St1 des Pf(t1)		>5%	>10%	>20%
1750	82253	34	26	12
1760	85169	33	25	10
1770	87801	32	23	8
1780	90151	30	21	7
1790	92227	27	17	5
1800	94041	25	15	4
1810	95609	24	12	2
1820	96950	22	10	2
1830	98085	17	8	2
1840	99036	15	5	1
1850	99823	12	4	0
1860	100469	9	2	0
1870	100993	6	2	0
1880	101414	4	1	0
1890	101749	2	1	0
1900	102013	2	0	0

St1 /ert des Pf(t1)		>5%	>10%	>20%
1750	78673	31	23	10
1760	82659	30	21	8
1770	86240	28	18	6
1780	89404	26	16	5
1790	92156	24	13	4
1800	94512	21	11	2
1810	96498	18	8	1
1820	98147	15	7	0
1830	99494	12	5	0
1840	100580	9	2	0
1850	101441	7	1	0
1860	102114	5	0	0
1870	102633	2	0	0
1880	103027	1	0	0
1890	103322	0	0	0
1900	103540	0	0	0

St1 des Pf(t1)		>5%	>10%	>20%
1750	82035	34	22	9
1760	85486	32	20	7
1770	88552	30	18	5
1780	91238	26	15	3
1790	93554	23	12	2
1800	95524	21	10	1
1810	97174	18	7	1
1820	98536	15	5	0
1830	99645	11	3	0
1840	100534	8	2	0
1850	101237	5	1	0
1860	101785	3	0	0
1870	102206	2	0	0
1880	102525	1	0	0
1890	102764	0	0	0
1900	102940	0	0	0

St1 des Pf(t1)		>5%	>10%	>20%
1750	84704	29	16	4
1760	87685	28	14	3
1770	90319	24	11	2
1780	92613	22	9	2
1790	94583	18	7	1
1800	96252	15	5	1
1810	97646	11	4	0
1820	98794	9	2	0
1830	99727	6	1	0
1840	100473	4	1	0
1850	101063	3	1	0
1860	101522	2	0	0
1870	101874	1	0	0
1880	102141	1	0	0
1890	102340	0	0	0
1900	102487	0	0	0

2221
2222
2223

2311
2312
2313

St1 /ert des Pf(t1)		>5%	>10%	>20%
1750	78673	36	29	18
1760	82659	33	27	15
1770	86240	31	24	12
1780	89404	29	22	10
1790	92156	27	19	8
1800	94512	24	15	6
1810	96498	22	12	4
1820	98147	18	10	3
1830	99494	14	8	3
1840	100580	11	6	2
1850	101441	8	4	1
1860	102114	6	3	1
1870	102633	4	2	0
1880	103027	3	1	0
1890	103322	3	1	0
1900	103540	2	1	0

St1 des Pf(t1)		>5%	>10%	>20%
1750	82035	34	28	16
1760	85486	33	25	13
1770	88552	31	23	10
1780	91238	29	20	9
1790	93554	25	16	7
1800	95524	23	14	4
1810	97174	20	11	3
1820	08636	16	0	2
1830	99645	13	7	1
1840	100534	10	4	1
1850	101237	9	3	0
1860	101785	5	2	0
1870	102206	3	1	0
1880	102525	2	1	0
1890	102764	1	0	0
1900	102940	1	0	0

St1 des Pf(t1)		>5%	>10%	>20%
1750	84704	26	19	10
1760	87685	25	17	8
1770	90319	23	15	6
1780	92613	21	12	4
1790	94583	18	12	3
1800	96252	15	9	2
1810	97646	12	7	2
1820	90794	12	5	1
1830	99727	9	3	1
1840	100473	7	2	1
1850	101063	4	1	0
1860	101522	3	1	0
1870	101874	2	1	0
1880	102141	1	1	0
1890	102340	1	1	0
1900	102487	1	0	0

St1 /ert des Pf(t1)		>5%	>10%	>20%
1750	82313	31	23	12
1760	86564	30	21	9
1770	90236	26	18	7
1780	93336	23	15	5
1790	95895	20	12	3
1800	97961	16	9	2
1810	99590	14	6	1
1820	100847	10	4	1
1830	101796	7	2	0
1840	102495	5	1	0
1850	103000	2	1	0
1860	103357	2	0	0
1870	103603	1	0	0
1880	103770	0	0	0
1890	103880	0	0	0
1900	103951	0	0	0

St1 des Pf(t1)		>5%	>10%	>20%
1750	85507	27	17	8
1760	89064	23	13	6
1770	92108	21	12	4
1780	94660	18	10	2
1790	96754	14	8	1
1800	98435	11	6	0
1810	99757	9	4	0
1820	100773	7	2	0
1830	101538	5	1	0
1840	102102	1	0	0
1850	102508	1	0	0
1860	102795	0	0	0
1870	102992	0	0	0
1880	103126	0	0	0
1890	103214	0	0	0
1900	103271	0	0	0

St1 des Pf(t1)		>5%	>10%	>20%
1750	87847	22	13	5
1760	90855	19	11	3
1770	93420	17	9	1
1780	95564	15	7	1
1790	97319	12	6	0
1800	98726	9	3	0
1810	99831	7	1	0
1820	100680	5	0	0
1830	101319	3	0	0
1840	101789	1	0	0
1850	102128	0	0	0
1860	102367	0	0	0
1870	102531	0	0	0
1880	102643	0	0	0
1890	102716	0	0	0
1900	102764	0	0	0

2321
2322
2323

2411
2412
2413

St1 /ert des Pf(t1)	>5%	>10%	>20%
1750	82313	30	26	16
1760	86564	28	23	14
1770	90236	25	19	11
1780	93336	22	15	10
1790	95895	19	13	7
1800	97961	15	11	5
1810	99590	12	9	4
1820	100847	10	6	2
1830	101796	7	4	2
1840	102495	5	3	1
1850	103000	4	2	0
1860	103357	2	1	0
1870	103603	2	1	0
1880	103770	1	0	0
1890	103880	0	0	0
1900	103951	0	0	0

St1 /ert des Pf(t1)	>5%	>10%	>20%
1750	88112	30	23	11
1760	92503	26	17	8
1770	95976	22	13	5
1780	98611	16	9	3
1790	100525	10	6	2
1800	101856	7	3	0
1810	102741	5	2	0
1820	103303	2	0	0
1830	103644	1	0	0
1840	103842	0	0	0
1850	103952	0	0	0
1860	104010	0	0	0
1870	104040	0	0	0
1880	104054	0	0	0
1890	104061	0	0	0
1900	104063	0	0	0

St1 des Pf(t1)	>5%	>10%	>20%
1750	85507	30	25	14
1760	89064	27	21	11
1770	92108	25	17	9
1780	94660	21	14	8
1790	96754	17	11	5
1800	98435	14	9	4
1810	99757	11	7	2
1820	100773	9	5	1
1830	101538	7	3	1
1840	102102	5	2	0
1850	102508	3	1	0
1860	102795	2	1	0
1870	102992	1	0	0
1880	103126	1	0	0
1890	103214	0	0	0
1900	103271	0	0	0

St1 des Pf(t1)	>5%	>10%	>20%
1750	90550	28	20	9
1760	94089	24	15	6
1770	96881	19	11	4
1780	98994	14	8	2
1790	100528	10	5	1
1800	101594	7	3	1
1810	102302	4	1	0
1820	102752	2	1	0
1830	103025	1	0	0
1840	103184	0	0	0
1850	103272	0	0	0
1860	103318	0	0	0
1870	103342	0	0	0
1880	103353	0	0	0
1890	103358	0	0	0
1900	103361	0	0	0

St1 des Pf(t1)	>5%	>10%	>20%
1750	87847	30	23	13
1760	90855	27	20	11
1770	93420	23	18	9
1780	95564	21	15	6
1790	97319	18	11	4
1800	98726	15	9	3
1810	99831	11	6	3
1820	100680	9	4	2
1830	101319	6	3	1
1840	101789	4	3	1
1850	102128	3	2	0
1860	102367	2	1	0
1870	102531	1	1	0
1880	102643	1	0	0
1890	102716	0	0	0
1900	102764	0	0	0

St1 des Pf(t1)	>5%	>10%	>20%
1750	92158	22	15	4
1760	95110	20	12	2
1770	97438	16	7	1
1780	99200	12	4	1
1790	100478	7	2	0
1800	101366	4	1	0
1810	101956	1	0	0
1820	102331	1	0	0
1830	102559	0	0	0
1840	102691	0	0	0
1850	102764	0	0	0
1860	102803	0	0	0
1870	102823	0	0	0
1880	102832	0	0	0
1890	102837	0	0	0
1900	102839	0	0	0

St1 /ert des Pf(t1)	>5%	>10%	>20%
1700	65088	41	30	13
1710	68562	40	29	12
1720	71923	39	28	11
1730	75151	38	27	11
1740	78227	36	24	9
1750	81136	34	23	8
1760	83868	34	22	7
1770	86413	32	21	6
1780	88769	30	19	5
1790	90933	29	16	3
1800	92908	26	14	3
1810	94699	25	12	2
1820	96311	24	11	1
1830	97753	22	9	1
1840	99034	19	8	1
1850	100166	16	5	1
1860	101159	13	3	0
1870	102025	11	3	0
1880	102776	9	2	0
1890	103424	8	1	0
1900	103978	5	1	0

St1 des Pf(t1)	>5%	>10%	>20%
1700	68308	36	26	13
1710	71626	35	25	12
1720	74806	34	25	10
1730	77832	33	24	8
1740	80689	32	23	7
1750	83367	30	20	6
1760	85860	29	18	5
1770	88164	28	17	4
1780	90279	26	15	3
1790	92207	25	14	3
1800	93952	23	11	2
1810	95522	22	10	2
1820	96926	19	7	2
1830	98172	17	5	1
1840	99272	15	4	0
1850	100236	13	3	0
1860	101077	10	3	0
1870	101806	8	2	0
1880	102434	5	2	0
1890	102972	4	2	0
1900	103430	3	1	0

St1 des Pf(t1)	>5%	>10%	>20%
1700	71461	37	24	10
1710	74581	36	23	10
1720	77547	33	21	9
1730	80344	32	18	8
1740	82965	31	16	6
1750	85402	30	15	5
1760	87653	27	15	3
1770	89718	26	13	2
1780	91601	23	12	1
1790	93305	21	11	1
1800	94839	18	10	1
1810	96209	15	8	1
1820	97426	14	7	0
1830	98501	13	5	0
1840	99445	12	3	0
1850	100267	10	1	0
1860	100981	9	1	0
1870	101597	7	1	0
1880	102124	5	1	0
1890	102574	2	0	0
1900	102956	1	0	0

St1 /ert des Pf(t1)		>5%	>10%	>20%
1700	68308	41	35	21
1710	71626	41	34	21
1720	74806	40	32	20
1730	77832	39	30	18
1740	80689	38	29	17
1750	83367	36	27	15
1760	85860	35	25	13
1770	88164	33	24	11
1780	90279	32	23	10
1790	92207	30	21	9
1800	93952	27	20	8
1810	95522	25	17	6
1820	96926	24	15	4
1830	98172	22	13	4
1840	99272	21	11	3
1850	100236	18	10	3
1860	101077	16	8	2
1870	101806	14	6	2
1880	102434	11	5	1
1890	102972	10	4	1
1900	103430	8	3	1

St1 des Pf(t1)		>5%	>10%	>20%
1700	65088	35	29	20
1710	68562	33	27	18
1720	71923	32	26	16
1730	75151	31	25	15
1740	78227	30	24	14
1750	81136	29	22	13
1760	83868	28	22	12
1770	86413	27	20	10
1780	88769	26	19	9
1790	90933	24	18	8
1800	92908	23	16	7
1810	94699	22	14	6
1820	96311	20	13	4
1830	97753	19	11	3
1840	99034	17	10	3
1850	100166	16	8	2
1860	101159	13	7	1
1870	102025	12	6	1
1880	102776	10	4	1
1890	103424	8	3	0
1900	103978	7	3	0

St1 des Pf(t1)		>5%	>10%	>20%
1700	71461	35	29	19
1710	74581	34	29	18
1720	77547	33	27	17
1730	80344	32	26	15
1740	82965	30	24	13
1750	85402	29	22	12
1760	87653	28	21	11
1770	89719	27	20	10
1780	91601	26	19	9
1790	93305	25	16	8
1800	94839	23	15	7
1810	96209	21	13	5
1820	97426	19	12	4
1830	98501	18	11	3
1840	99445	16	9	2
1850	100267	14	8	2
1860	100981	12	7	1
1870	101597	11	6	1
1880	102124	9	3	1
1890	102574	8	3	1
1900	102956	7	2	1

St1 /ert des Pf(t1)		>5%	>10%	>20%
1700	66514	37	29	15
1710	70465	36	28	14
1720	74254	36	26	13
1730	77850	34	24	11
1740	81227	33	22	10
1750	84368	31	19	9
1760	87261	29	18	8
1770	89900	27	17	6
1780	92284	25	14	5
1790	94418	23	12	4
1800	96310	21	11	3
1810	97974	18	9	3
1820	99424	15	8	2
1830	100676	13	6	1
1840	101748	11	5	1
1850	102659	9	4	0
1860	103425	8	3	0
1870	104066	6	2	0
1880	104597	5	1	0
1890	105033	3	1	0
1900	105389	3	0	0

St1 des Pf(t1)		>5%	>10%	>20%
1700	70268	38	31	15
1710	73986	37	30	14
1720	77508	36	28	12
1730	80811	34	26	11
1740	83878	34	24	8
1750	86699	32	21	7
1760	89269	31	18	6
1770	01680	20	16	4
1780	93664	26	13	3
1790	95504	24	12	2
1800	97120	20	9	2
1810	98528	17	7	1
1820	99744	14	5	0
1830	100785	12	4	0
1840	101670	10	3	0
1850	102415	8	2	0
1860	103038	6	1	0
1870	103554	4	0	0
1880	103979	3	0	0
1890	104326	2	0	0
1900	104608	1	0	0

St1 des Pf(t1)		>5%	>10%	>20%
1700	73809	36	28	14
1710	77243	35	27	12
1720	80461	33	25	11
1730	83447	32	24	9
1740	86193	31	22	7
1750	88695	29	20	5
1760	90955	28	17	5
1770	02077	20	14	3
1780	94771	25	12	2
1790	96349	22	9	2
1800	97725	19	8	1
1810	98916	16	5	1
1820	99937	14	5	0
1830	100806	10	3	0
1840	101540	8	2	0
1850	102155	5	2	0
1860	102667	5	1	0
1870	103088	3	1	0
1880	103434	2	1	0
1890	103714	1	0	0
1900	103941	1	0	0

St1 /ert des Pf(t(t)		>5%	>10%	>20%
1700	66514	42	37	28
1710	70465	40	35	25
1720	74254	38	34	24
1730	77850	38	33	22
1740	81227	36	31	20
1750	84368	35	28	18
1760	87261	34	27	16
1770	89900	32	24	13
1780	92284	30	23	10
1790	94418	27	20	9
1800	96310	25	19	7
1810	97974	23	15	7
1820	99424	22	13	4
1830	100676	19	10	4
1840	101748	17	8	3
1850	102659	13	7	3
1860	103425	11	5	2
1870	104066	8	4	1
1880	104597	7	4	1
1890	105033	5	3	0
1900	105389	4	2	0

St1 des Pf(t(t)		>5%	>10%	>20%
1700	70268	41	36	25
1710	73986	40	35	23
1720	77508	38	34	21
1730	80811	37	32	19
1740	83878	36	29	18
1750	86699	34	26	17
1760	89269	33	24	15
1770	91589	32	22	13
1780	93664	28	19	11
1790	95504	25	18	9
1800	97120	23	16	7
1810	98528	20	15	6
1820	99744	18	13	5
1830	100785	16	11	4
1840	101670	15	9	3
1850	102415	13	7	3
1860	103038	11	5	2
1870	103554	9	5	1
1880	103979	7	3	1
1890	104326	5	3	1
1900	104608	5	2	0

St1 des Pf(t(t)		>5%	>10%	>20%
1700	73809	39	35	25
1710	77243	38	34	23
1720	80461	37	32	21
1730	83447	37	30	19
1740	86193	35	28	17
1750	88695	33	26	14
1760	90955	31	23	12
1770	92977	29	20	9
1780	94771	27	19	7
1790	96349	24	17	5
1800	97725	21	15	4
1810	98916	19	12	4
1820	99937	18	9	2
1830	100806	16	7	2
1840	101540	13	6	2
1850	102155	10	4	2
1860	102667	7	3	1
1870	103088	6	2	1
1880	103434	4	2	0
1890	103714	3	2	0
1900	103941	2	1	0

3311
3312
3313

St1 /ert des Pf(t1)	>5%	>10%	>20%
1700	68809	39	32	20
1710	73507	37	30	18
1720	77930	36	27	17
1730	82032	34	25	14
1740	85778	32	23	12
1750	89148	28	21	10
1760	92138	26	18	8
1770	94751	24	16	6
1780	97005	22	14	5
1790	98920	19	12	3
1800	100527	17	9	2
1810	101857	14	7	1
1820	102943	12	5	1
1830	103819	8	3	1
1840	104516	6	2	0
1850	105064	5	1	0
1860	105490	3	1	0
1870	105817	2	0	0
1880	106064	1	0	0
1890	106250	1	0	0
1900	106387	0	0	0

St1 des Pf(t1)	>5%	>10%	>20%
1700	73343	40	32	20
1710	77641	38	29	18
1720	81620	36	27	15
1730	85249	33	25	12
1740	88513	30	22	10
1750	91407	29	20	8
1760	93937	27	17	6
1770	96121	24	14	4
1780	97979	21	10	3
1790	99540	18	8	2
1800	100835	15	7	1
1810	101895	11	5	1
1820	102751	8	3	1
1830	103436	7	2	0
1840	103975	4	1	0
1850	104396	3	1	0
1860	104720	2	1	0
1870	104967	1	0	0
1880	105152	1	0	0
1890	105290	0	0	0
1900	105392	0	0	0

St1 des Pf(t1)	>5%	>10%	>20%
1700	77359	35	28	16
1710	81200	34	26	14
1720	84707	32	24	12
1730	87865	30	20	10
1740	90670	28	19	8
1750	93130	26	16	5
1760	95259	23	14	4
1770	97078	20	12	3
1780	98613	17	9	2
1790	99891	14	7	1
1800	100944	13	4	1
1810	101799	10	3	0
1820	102486	7	2	0
1830	103032	4	1	0
1840	103460	3	1	0
1850	103792	2	0	0
1860	104046	1	0	0
1870	104239	1	0	0
1880	104384	0	0	0
1890	104491	0	0	0
1900	104570	0	0	0

St1 /ert des Pf(t1)		>5%	>10%	>20%
1700	68809	41	38	31
1710	73507	39	35	29
1720	77930	36	33	26
1730	82032	35	30	23
1740	85778	32	28	20
1750	89148	30	26	18
1760	92138	27	22	15
1770	94751	24	19	14
1780	97005	22	18	11
1790	98920	19	15	10
1800	100527	18	13	8
1810	101857	14	11	6
1820	102943	13	9	4
1830	103819	11	7	3
1840	104516	9	5	2
1850	105064	7	4	1
1860	105490	5	3	1
1870	105817	4	2	1
1880	106064	3	1	1
1890	106250	2	1	0
1900	106387	1	1	0

St1 des Pf(t1)		>5%	>10%	>20%
1700	73343	38	34	26
1710	77641	35	32	23
1720	81620	34	29	22
1730	85249	32	26	18
1740	88513	29	23	16
1750	91407	26	21	13
1760	93937	23	19	12
1770	96121	21	16	9
1780	97979	19	13	7
1790	99540	16	11	6
1800	100835	13	9	4
1810	101895	11	7	3
1820	102751	9	6	2
1830	103436	7	4	2
1840	103975	6	3	2
1850	104396	4	2	1
1860	104720	3	2	1
1870	104967	2	2	0
1880	105152	2	1	0
1890	105290	2	1	0
1900	105392	1	0	0

St1 des Pf(t1)		>5%	>10%	>20%
1700	77359	34	29	25
1710	81200	31	28	22
1720	84707	29	27	20
1730	87865	28	25	18
1740	90670	27	23	16
1750	93130	25	20	13
1760	95259	23	19	13
1770	97078	20	16	11
1780	98613	19	14	9
1790	99891	17	13	7
1800	100944	14	11	5
1810	101799	13	9	5
1820	102486	11	7	4
1830	103032	9	5	3
1840	103460	7	5	2
1850	103792	5	3	2
1860	104046	5	3	1
1870	104239	4	2	1
1880	104384	3	2	1
1890	104491	2	1	0
1900	104570	2	1	0

St1 /ert des Pf(t1)		>5%	>10%	>20%
1700	73580	37	32	25
1710	79678	34	29	20
1720	85128	30	26	17
1730	89858	28	22	14
1740	93844	24	18	11
1750	97108	20	14	9
1760	99708	16	12	7
1770	101771	11	10	5
1780	103238	11	7	3
1790	104350	9	5	1
1800	105145	6	3	1
1810	105698	4	1	1
1820	106074	2	1	0
1830	106322	1	1	0
1840	106482	1	0	0
1850	106583	1	0	0
1860	106645	0	0	0
1870	106682	0	0	0
1880	106704	0	0	0
1890	106716	0	0	0
1900	106723	0	0	0

St1 des Pf(t1)		>5%	>10%	>20%
1700	79312	36	32	23
1710	84500	34	29	18
1720	89015	30	25	15
1730	92838	27	20	13
1740	95991	23	16	8
1750	98523	19	14	6
1760	100504	15	9	5
1770	102010	10	0	0
1780	103135	8	5	1
1790	103948	6	4	0
1800	104522	4	1	0
1810	104917	2	0	0
1820	105183	1	0	0
1830	105358	0	0	0
1840	105470	0	0	0
1850	105540	0	0	0
1860	105583	0	0	0
1870	105608	0	0	0
1880	105623	0	0	0
1890	105632	0	0	0
1900	105637	0	0	0

St1 des Pf(t1)		>5%	>10%	>20%
1700	83680	35	30	20
1710	87994	33	26	16
1720	91684	30	23	12
1730	94765	26	19	7
1740	97274	22	14	5
1750	99269	19	10	4
1760	100815	13	6	3
1770	101900	9	4	2
1780	102850	5	3	1
1790	103474	4	2	1
1800	103912	3	1	0
1810	104213	2	1	0
1820	104415	1	1	0
1830	104548	0	0	0
1840	104632	0	0	0
1850	104685	0	0	0
1860	104717	0	0	0
1870	104737	0	0	0
1880	104748	0	0	0
1890	104754	0	0	0
1900	104758	0	0	0

- Variablendefinition und Zuweisungen :

In[56]:= `(*schnelle Parameterauswahl*)`
`pσ = 3; (*1,2,3*)`
`pt1 = 1; (*1,2,3,4 *)`
`pt2 = 1; (*1,2*)`
`pKL = 1; (*1,2,3*)`

`m = {11, 16, 21}[[pσ]];`
`(*Anzahl der verschiedenen möglichen Aktienkurse St1`
`  (mit jeweils 10 Prozentpunkten Unterschied) zum Zeitpunkt t1,`
`abhängig von der Wahl des σ*)`
`n = 10 000; (*Anzahl der Simulationen*)`

`Invest = 100 000; (*Investitionssumme*)`
`r = 0.01367; (*risikoloser Zinssatz per anno*)`
`σ = {0.12, 0.18, 0.25}[[pσ]];`
`(*Volatilität per anno zum Zeitpunkt t0*)`

$T = \dfrac{1}{12};$ `(*Laufzeit der Optionen; Einheit: Jahre*)`
$t1 = T - \left\{\dfrac{24}{360}, \dfrac{18}{360}, \dfrac{12}{360}, \dfrac{6}{360}\right\}[[pt1]];$ `(*jetziger Zeitpunkt,`
`wir befinden uns bereits während der Laufzeit,`
`zum Aktienkurs St1*)`
$t2 = t1 + \left\{\dfrac{3}{360}, \dfrac{7}{360}\right\}[[pt2]];$ `(*Zeitpunkt in der Zukunft,`
`wir simulieren für t2 n verschiedene Aktienkurse*)`

`S0 = 1870; (*Aktienkurs zum Zeitpunkt t=0 *)`
`St1 = Table[{1800, 1750, 1700}[[pσ]] + (i - 1) * 10, {i, m}];`
`(*m verschiedene Aktienkurse zum Zp t1*)`
`St2 = Table[0, {j, m}, {i, n}];`

```
(*n verschiedene zufällige Portfoliowerte zum
 Zeitpunkt t2 bei m verschiedenen Aktienkursen St1*)

KS = {1800, 1750, 1700}[[pσ]]; (*Strike der Short;
soll jeweils mit der Wahl des Sigmas zusammenpassen!*)
KL =
  {{1750, 1725, 1700}, {1700, 1675, 1650}, {1650, 1625, 1600}}[[pσ]][[
    pKL]]; (*Strike der Long,
erster Parameter soll gleich wie Parameter bei KS sein!!!*)

Wertt1 = Table[0 {j, m}]; (*Wert des Portfolios zum Zeitpunkt t1;
Aktienkurs St1(m) bekannt*)
Wertt2 = Table[0 {j, m}, {i, n}];
(*Wert des Portfolios zum Zeitpunkt t2; Aktienkurs St1
 (m) bekannt und Wert für St2 wurde n mal simuliert *)


anzahlα = 20;
PGrafik = Table[0, {i, anzahlα}];
PGrafik5 = Table[0, {i, anzahlα}];
PGrafik10 = Table[0, {i, anzahlα}];
PGrafik15 = Table[0, {i, anzahlα}];
PGrafik21 = Table[0, {i, anzahlα}];
(*Wahrscheinlichkeit des Verlustes für 20 verschiedene Alpha-
  Werte --> für Grafik*)
α = {0.95, 0.9, 0.8}; (*Konfidenzintervall des VaR-Wertes*)


RandomN = Table[■, {i, n}]; (*Vektor mit n normalverteilten
 Zufallszahlen für die Simulation des Aktienkurses*)
For[i = 1, i ≤ n, i++,
 RandomN[[i]] = Random[NormalDistribution[0, 1]]];


P5 = Table[0, {i, m}]; (*Wahrscheinlichkeit,
```

```
dass Verlust des Portfoliowertes zum
 Zp t2 größer als 5% des Wertes von t1 ist;
m steht für die unterschiedöichen S(t1)Werte *)
P10 = Table[0, {i, m}]; (*Wahrscheinlichkeit, dass Verlust > 10% *)
P20 = Table[0, {i, m}]; (*Wahrscheinlichkeit, dass Verlust > 20% *)
AnzahlVerluste = Table[0, {j, m}, {k, 3}];
(*misst wie oft Verlust des Portfoliowertes höher als
 (1-α) beträgt; k steht für die verschiedenen α-Werte*)

v0 = σ; (*Vola zum jetzigen Zeitpunkt t1;
hier: wie zum Zeitpunkt t0 *)
κ = 4.5; (*Maß für die
 Rückkehrgeschwindigkeit der Vola zum Mittelwert*)
λ = 0.3; (*gibt an wie stark die Vola in
 etwa schwankt: Die Vola der Vola*)
ρ = -0.7; (*gibt die Korrelation zwischen
 Aktienkursentwicklung und Volaentwicklung an*)
RandomV = Table[0, {i, n}];
(*Zufallszahlen für die Entwicklung der Vola,
abhängig vom stochastischen Prozess des *)
RandomAA = Table[0, {i, n}];
VolaVariabel = Table[0, {i, n}];
For[i = 1, i ≤ n, i++,
   RandomAA[[i]] = Random[NormalDistribution[0, 1]]];
For[i = 1, i ≤ n, i++, RandomV[[i]] =

    ρ RandomN[[i]] + √(1 - ρ²) RandomAA[[i]]];
```

■ Definition der Funktionen:

Black - Scholes Formel :

zur Berechnung des fairen Preise einer Call - Option zum Zeitpunkt t (r, σ sollen annualisierte Werte sein!)
Das Integral wird numerisch berechnet, da das eine große Beschleunigung der Rechenzeit zur Folge hat.

In[12]:= $\text{Call}\big[S\_, K\_, r\_, \sigma\_, T\_, t\_\big] := S * \frac{1}{\sqrt{2\,\pi}}\ \text{NIntegrate}\Big[$

$\qquad \text{Exp}\Big[-\frac{x^2}{2}\Big],\ \Big\{x,\ -\infty,\ \Big(\text{Log}\Big[\frac{S}{K}\Big] + \Big(r + \frac{\sigma^2}{2}\Big)\ (T - t)\Big)\Big/ \Big(\sigma\ \sqrt{T - t}\Big)\Big\}\Big] -$

$\qquad K * \text{Exp}[-r * (T - t)] * \frac{1}{\sqrt{2\,\pi}}\ \text{NIntegrate}\Big[\text{Exp}\Big[-\frac{x^2}{2}\Big],$

$\qquad \Big\{x,\ -\infty,\ \Big(\text{Log}\Big[\frac{S}{K}\Big] + \Big(r - \frac{\sigma^2}{2}\Big)\ (T - t)\Big)\Big/ \Big(\sigma\ \sqrt{T - t}\Big)\Big\}\Big]$

Put - Call Parity Equation :

fairer Preis einer Put - Option zum Zeitpunkt t

In[13]:= $\text{ClearAll}[P]$

In[14]:= $P\big[S\_, K\_, r\_, \sigma\_, T\_, t\_\big] := \text{Call}[S, K, r, \sigma, T, t] + K * \text{Exp}[-r\ (T - t)] - S$

Portfoliowertberechnung :

W berechnet den Portfoliowert zum Zeitpunkt t:
setzt sich aus: Investitionssumme, den Einnahmen der Put-Optionen am Anfang, den Wert der Optionen
zum Zeitpunkt t2 zusammen
$\frac{\text{Invest}}{100 * (KS - KL)}$ beschreibt die Anzahl der Kontrakte
(Wert der Put - Optionen wurden mit Black - Scholes Modell berechnet)

In[15]:= $W\big[\text{Invest}\_, SO\_, St1\_, KS\_, KL\_, r\_, \sigma\_, T\_, t2\_\big] :=$
$\qquad \text{Invest} + (P[SO, KS, r, \sigma, T, 0] - P[SO, KL, r, \sigma, T, 0] -$
$\qquad P[St1, KS, r, \sigma, T, t2] + P[St1, KL, r, \sigma, T, t2]) * \frac{\text{Invest}}{(KS - KL)}$

(S0 wird benötigt um den Preis der Optionen zu berechnen, St1 beschreibt den Aktienkurs zum jetzigen
Zeitpunkt t1, Strikes,)

Wienerisches Aktienkursmodell :

Simulation der Entwicklung eines Aktienkurses S zum Zeitpunkt t :
Annahme: Aktienkurs entwickelt sich nach einem Wienerischen Modell(normalverteilte Renditen)

In[16]:= $St\big[SO\_, r\_, \sigma\_, t\_, w\_\big] := SO * \text{Exp}\Big[\Big(r - \frac{\sigma^2}{2}\Big)\ t + \sigma * \sqrt{t}\ w\Big];$

Stochastisches Volatilitätsmodell :

Varianz (quadrierte Volatilität) folgt einem Cox - Ingersoll - Ross - Prozess:
Annahme : Volatilität des Aktienpreises ist zufällig und wird durch einen stochastischen Prozess beschrieben
Anforderungen an das Modell: Vola darf nicht negativ werden!

In[17]:= $\texttt{Vola}\left[\kappa\_, \lambda\_, \texttt{v0}\_, \texttt{t1}\_, \texttt{t2}\_, \texttt{w}\_\right] := \texttt{v0} + \kappa \texttt{v0} (\texttt{t2} - \texttt{t1}) + \lambda \sqrt{\texttt{t2} - \texttt{t1}} \texttt{w};$

- **Zuweisungen und Resultate :**

Stückanzahl der Put - Short bzw. Put - Long Optionen:

In[18]:= $\dfrac{\texttt{Invest}}{(\texttt{KS} - \texttt{KL})}$

Out[18]= 2000

Kaufpreis für Put-Short/-Long Option.

Die Kosten der Put - Optionen PS und PL können mit dem Black Scholes Modell berechnet werden (dazu wähle im Modell den Anfangszeitpunkt, also t=0):
(Bemerkung: Auf Grund des niedrigeren Strikes der Put-Long-Option ist es auch nachvollziehbar, dass dessen Prei niedriger sein muss)

In[19]:= $\texttt{PS} = \texttt{P}[\texttt{S0}, \texttt{KS}, \texttt{r}, \sigma, \texttt{T}, \texttt{0}]$

Out[19]= 5.41328

In[20]:= $\texttt{PL} = \texttt{P}[\texttt{S0}, \texttt{KL}, \texttt{r}, \sigma, \texttt{T}, \texttt{0}]$

Out[20]= 2.04767

Berechnung von jeweils n fiktiven Aktienkursen St2, wenn jetziger (= zum Zeitpunkt t1) Aktienkurs den Wert St1(j) besitzt:

In[21]:= ```
For[j = 1, j ≤ m, j++,
    For[i = 1, i ≤ n, i++,
       St2[[j]][[i]] = St[St1[[j]], r, σ, t2 - t1, RandomN[[i]]]]]
```

Beispiel: n simulierte Aktienkurse zum Zeitpunkt t2 geordnet in einem Histogramm für St1=1800 (St1[[1]])

75
```

In[47]:= **Histogram[St2[[10]]]**

Out[47]=

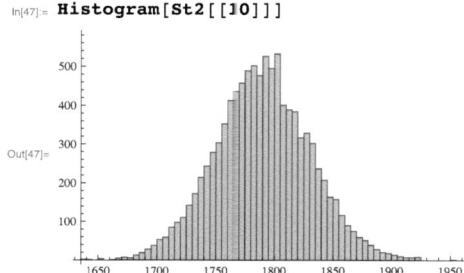

Berechnung des Portfoliowertes

Wertt1: berechnet den Portfoliowert zum jetzigen Zeitpunkt t1

Wertt2: berechnet den Portfoliowert zum zukünftigen Zeitpunkt t2. Wir wissen bereits wo der Aktienkurs jetzt (=t1) steht. j steht für St1(j) und i beschreibt die n verschiedenen Simulationen des Aktienkurses zum Zp t2.

In[23]:= **For[i = 1, i ≤ m, i++,**
Wertt1[[i]] = W[Invest, S0, St1[[i]], KS, KL, r, σ, T, t1]];

In[24]:= **For[i = 1, i ≤ n, i++,**
VolaVariabel[[i]] = Vola[κ, λ, v0, t1, t2, RandomV[[i]]]];

In[25]:= **For[j = 1, j ≤ m, j++,**
For[i = 1, i ≤ n, i++,
Wertt2[[j]][[i]] = W[Invest, S0,
St2[[j]][[i]], KS, KL, r, VolaVariabel[[i]], T, t2]]];

In[53]:= **Histogram[Wertt2[[21]]]**

Out[53]=

In[27]:= **(*For[i=1,i≤10,i++,Print[St2[[1]][[i]]]]*)**

In[28]:= **(*For[i=1,i≤10,i++,Print[Wertt2[[1]][[i]]]]*)**

Wie groß ist die Wahrscheinlichkeit P, dass der Verlust meines Portfolios zu einem Zeitpunkt t2 in der Zukunft über p% beträgt?

Berechnen der Verteilungsfunktion bis zu p*(Mittelwert der möglichen Werte) ergibt gewünschtes Ergebnis:

Beispiel : 20 verschiedene Alpha - Werte um Grafik zu erhalten

In[29]:= **alpha = Table$\left[1 - \dfrac{i}{100}, \{i, anzahl\alpha\}\right]$;**

Konkret für Wertt1an der Stelle 1:

In[30]:= **zahl2 = Table[0, {i, anzahlα}];**
(∗misst wie oft der Portfoliowert unterhalb der Grenze fällt∗)
For$\left[j = 1, j \le anzahl\alpha, j++, \Big\{$
  For[i = 1, i ≤ n, i++,
    If[Wertt2[[1]][[i]] < Wertt1[[1]] ∗ alpha[[j]], zahl2[[j]]++]],
    PGrafik[[j]] = $\dfrac{zahl2[[j]]}{n}\Big\}$
$\Big]$;

Grafische Darstellung der Wahrscheinlichkeit, dass das Portfolio zum Zp t2 einen größeren Verlust als zum ZP t1 aufweist (Größe des Verlustes wird mit α gemessen, abgebildet auf x - Achse)

In[32]:= **ListLinePlot[PGrafik, AxesOrigin → {0, 0}]**

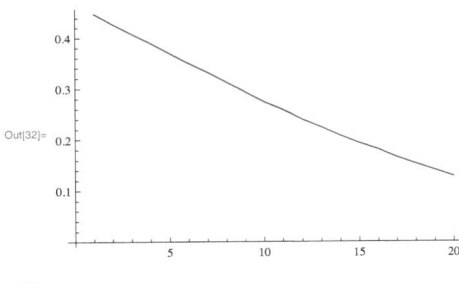

Out[32]=

In[33]:=

(∗gesuchte Wahrscheinlichkeit ∗)

k steht für die verschiedenen α Werte, j für die verschiedenen St1, und i für die verschiedenen Simulationen

In[34]:=

```
For[k = 1, k ≤ 3, k++,
    For[j = 1, j ≤ m, j++, {
        For[i = 1, i ≤ n, i++, If[Wertt2[[j]][[i]] < Wertt1[[j]] * α[[k]],
            AnzahlVerluste[[j]][[k]]++]],
        P5[[j]] = 1/n AnzahlVerluste[[j]][[1]],
        P10[[j]] = 1/n AnzahlVerluste[[j]][[2]],
        P20[[j]] = 1/n AnzahlVerluste[[j]][[3]]}
    ]];
```

- Erstellen der Tafeln :

In[35]:= `Beschriftung = {{"St1", "Wert des Pf(t1)", ">5%", ">10%", ">20%"}};`

In[36]:= `T = Table[`
`    {St1[[i]], Wertt1[[i]], P5[[i]], P10[[i]], P20[[i]]}, {i, m}];`

In[37]:= `TT = Join[Beschriftung, T];`

In[38]:= **Grid[TT]**

Stl	Wert des Pf(t1)	>5%	>10%	>20%
1700	65 088.	$\frac{231}{625}$	$\frac{343}{1250}$	$\frac{1287}{10\,000}$
1710	68 561.5	$\frac{29}{80}$	$\frac{33}{125}$	$\frac{1161}{10\,000}$
1720	71 923.2	$\frac{441}{1250}$	$\frac{2507}{10\,000}$	$\frac{527}{5000}$
1730	75 151.2	$\frac{1709}{5000}$	$\frac{2373}{10\,000}$	$\frac{237}{2500}$
1740	78 227.2	$\frac{3309}{10\,000}$	$\frac{2233}{10\,000}$	$\frac{41}{500}$
1750	81 136.5	$\frac{637}{2000}$	$\frac{519}{2500}$	$\frac{173}{2500}$
1760	83 867.7	$\frac{383}{1250}$	$\frac{193}{1000}$	$\frac{599}{10\,000}$
1770	86 413.2	$\frac{1461}{5000}$	$\frac{443}{2500}$	$\frac{103}{2000}$
1780	88 768.7	$\frac{2767}{10\,000}$	$\frac{1617}{10\,000}$	$\frac{83}{2000}$
1790	90 933.2	$\frac{1299}{5000}$	$\frac{181}{1250}$	$\frac{17}{500}$
1800	92 908.5	$\frac{151}{625}$	$\frac{317}{2500}$	$\frac{131}{5000}$
1810	94 698.8	$\frac{2227}{10\,000}$	$\frac{1099}{10\,000}$	$\frac{49}{2500}$
1820	96 310.8	$\frac{2017}{10\,000}$	$\frac{911}{10\,000}$	$\frac{27}{2000}$
1830	97 752.7	$\frac{907}{5000}$	$\frac{753}{10\,000}$	$\frac{87}{10\,000}$
1840	99 034.1	$\frac{811}{5000}$	$\frac{601}{10\,000}$	$\frac{7}{1250}$
1850	100 166.	$\frac{1397}{10\,000}$	$\frac{239}{5000}$	$\frac{31}{10\,000}$
1860	101 159.	$\frac{1189}{10\,000}$	$\frac{367}{10\,000}$	$\frac{23}{10\,000}$
1870	102 025.	$\frac{243}{2500}$	$\frac{137}{5000}$	$\frac{7}{5000}$
1880	102 776.	$\frac{387}{5000}$	$\frac{189}{10\,000}$	$\frac{7}{10\,000}$
1890	103 424.	$\frac{119}{2000}$	$\frac{123}{10\,000}$	$\frac{3}{5000}$
1900	103 978.	$\frac{9}{200}$	$\frac{77}{10\,000}$	$\frac{3}{10\,000}$

Out[38]=

In[39]:= **Export["TabelleExample.xls", TT]**

Out[39]= TabelleExample.xls

Literaturverzeichnis

[1] P. Jorion *Value at Risk:The New Benchmark for Managing Financial Risk.* Third Edition, McGraw-Hill, New York, 2007.

[2] H. Albrecher, A. Binder, P. Mayer. *Einführung in die Finanzmathematik.* Birkhäuser, Basel, 2009.

[3] D. Meintrup, S. Schäffler. *Stochastik.* Springer, Berlin, 2005.

[4] SunGardAPT. *Analytics guide.* SunGard, 2013.

[5] J. Fricke. *Value-at-Risk Ansätze zur Abschätzung von Marktrisiken.* Deutscher Universitäts-Verlag, Wiesbaden, 2006.

[6] G. Larcher *Skriptum zur Vorlesung Finanzmathematik 1.* Johannes Kepler Universität Linz, 2010.

[7] G. Larcher *Skriptum zur Vorlesung Finanzmathematik 2.* Johannes Kepler Universität Linz, 2011.

[8] E. Buckwar *Skriptum zur Vorlesung Stochastische Prozesse.* Johannes Kepler Universität Linz, 2012.

[9] M. Flemisch *Behavioral Finance and Market Making.* Deutscher Wissenschafts-Verlag, Baden-Baden, 2006.

[10] S. Asmussen, P. Glynn *Stochastic Simulation: Algorithms and Analysis.* Springer, New York, 2000.

Printed by Books on Demand GmbH, Norderstedt / Germany